第五代固定网络（F5G）全光网技术丛书

全光家庭组网与技术

[美] 邱才明　汪伊明 ◎ 编著

清華大學出版社
北京

北京市版权局著作权合同登记号 图字：01-2022-2976

内容简介

本书是“第五代固定网络(F5G)全光网技术丛书”中的一个分册，介绍了F5G全光家庭组网相关技术。本书共分为6章。第1章是家庭网络概述，第2章讲述了4种传统家庭网络组网的组网原理及对比，第3章讲述了现在通用的一些家庭网络用到的技术，第4章介绍了下一代家庭网络的趋势和下一代家庭网络用到的相关技术原理，第5章介绍了两个家庭网络实践的解决方案，第6章展望了未来家庭网络的发展与导向。全书提供了大量应用组网实例，可以帮助读者理解业务原理与建网方案。

本书可作为运营商家庭网络规划、设计、运维工程师等从业人员学习家庭网络的技术和工程的参考书，也可作为高等教育、职业教育在校学生以及家庭网络技术爱好者学习和了解家庭网络历史和前沿技术的参考书。

图书在版编目(CIP)数据

全光家庭组网与技术/(美)邱才明，汪伊明编著．—北京：清华大学出版社，2022.4（2024.3重印）
(第五代固定网络(F5G)全光网技术丛书)
ISBN 978-7-302-59732-2

Ⅰ．①全…　Ⅱ．①邱…　②汪…　Ⅲ．①局域网　Ⅳ．①TP393.1

中国版本图书馆CIP数据核字(2021)第277328号

责任编辑：刘　星　李　晔
封面设计：刘　键
责任校对：李建庄
责任印制：曹婉颖

出版发行：清华大学出版社
网　　址：https://www.tup.com.cn，https://www.wqxuetang.com
地　　址：北京清华大学学研大厦A座　　邮　　编：100084
社 总 机：010-83470000　　邮　　购：010-62786544
投稿与读者服务：010-62776969，c-service@tup.tsinghua.edu.cn
质量反馈：010-62772015，zhiliang@tup.tsinghua.edu.cn
课件下载：https://www.tup.com.cn，010-83470236
印 装 者：三河市龙大印装有限公司
经　　销：全国新华书店
开　　本：186mm×240mm　　**印　张**：10.25　　**字　　数**：183千字
版　　次：2022年6月第1版　　**印　　次**：2024年3月第3次印刷
印　　数：2001～2600
定　　价：79.00元

产品编号：089458-01

FOREWORD

序　一

在1966年高琨博士关于光纤通信的论文所开拓的理论基础上，1970年美国康宁公司研制出世界上第一根光纤，从1970年到现在过去了半个多世纪，光纤通信覆盖五大洲四大洋并进入亿万百姓家庭，光纤通信起到了信息基础设施底座的重要作用。中国光纤通信后来居上，已成为全球光纤渗透率最高的国家，中国的千兆接入走在国际前列，国内光通信企业产品在全球市场占有率居首位，支撑数字中国的发展并将全球连接在一起成为地球村。

现在光纤通信的发展仍在加速，数字经济的发展持续提升网络带宽的需求，推动光纤通信技术的进步，光纤通信容量以20年几乎千倍的速度在增加，目前单纤通信容量可达Tb级别，不过仍然未达到光纤通信容量的理论极限，还有很大的发展空间。在宽带化基础上，光纤通信向着全光化、网络化、智能化、可编程、安全性发展。仿照移动通信发展的代际划分，将光传送技术发展分为多模系统、PDH、SDH、WDM和全光网几个阶段；光接入网技术也有类似的划分，例如PSTN、ADSL、VDSL、PON、10G PON。在中国电信、华为、中国信通院、意大利电信、葡萄牙电信等企业的共同倡议下，2020年2月欧洲电信标准协会（ETSI）批准成立第五代固定网络（the Fifth Generation Fixed Network，F5G）产业工作组。F5G将以全光连接（支持10万连接/km^2）、增强固定宽带（支持千兆家庭、万兆楼宇、T级园区）、有保障的极致体验（支持零丢包、微秒级时延、99.999%可用率）作为标志性特征，或者说相比现在的光网络要有带宽的十倍提升、连接数的十倍增长，以及时延缩短为原来的十分之一。2020年5月在华为全球分析师大会期间，中国宽带发展联盟、华为公司、葡萄牙电信公司等共同发起F5G全球产业发展倡议，得到广泛响应。可以说，F5G标志着光网络技术进入新时代。

华为公司积累了多年在光纤通信传送网技术研究、产品开发、组网应用、工程开通和运营支撑及人员培训方面的经验，联合光纤通信领域的高校教师共同编写了《全光传送网架构与技术》《全光接入网架构与技术》《全光自动驾驶网络架构与实现》《全光家庭组网与技术》这四本书，其特点如下：

- 从传输的横向维度看，覆盖了家庭网、园区网、城域网和核心网，除了不含光纤光缆技术与产品的介绍外，新型的光传输设备应有尽有，包括 PON（无源光网络）、ROADM（动态分插复用器）、OXC（光交叉连接）、OTSN（光传输切片网）等，集光通信传送网技术之大全，内容十分全面。
- 从网络的分层维度看，现代光网络已经不仅仅是物理层的技术。本丛书介绍了与光网紧密耦合的二层技术，如 VXLAN（虚拟化扩展的局域网）、EVPN（基于以太网的虚拟专网），以及三层技术，如 SRv6（基于 IPv6 的分段选路）等，此外对时钟同步技术也有专门的论述。
- 从光网络的管控系统看，现代光网络不仅需要提供高带宽的数据传送功能，还需要有高效的管理调度功能。《全光自动驾驶网络架构与实现》一书介绍了如何结合云计算和人工智能技术实现业务开通、资源分配、运维管理和故障恢复的自动化，借助汽车自动驾驶的理念，希望通过智能管控对光网络也能自动驾驭，满足对光传送业务的快速配置、高效提供、可靠传输、智能运维。

这四本书有很强的网络总体概念，从网络架构引出相关技术与设备，从网络与业务的规划设计出发说明相关设备如何组网，从运维管理视角解释如何提升光传送网的价值。以一些部署案例展现成功实践的经验体会，并针对未来社会对网络的需求来探讨全光网技术发展趋势。图书的作者为高校教师和华为光网络团队专家，他们有着丰富的研发与工程实践经验以及深刻的技术感悟，写作上以网络技术为主线而不是以产品为主线，力求理论与实践紧密结合。这些书面向光网时代，聚焦热点技术，内容高端实用，解读深入浅出，图书的出版将对 F5G 技术的完善和应用的拓展起到积极的推动作用。现在 F5G 处于商用的初始阶段，离预期的目标还有一定的距离，期待更多有志之士投身到 F5G 技术创新和应用推广中，为夯实数字经济发展的基石做出贡献。

邬贺铨

中国工程院院士

2022 年 1 月

FOREWORD

序　二

自从高锟在 1966 年发表光纤可以作为通信传输媒介的著名论断，以及 1970 年实际通信光纤问世以来，光通信的发展经历了翻天覆地的变化，除了光纤和光器件一代一代地不断创新和升级发展外，从光网络的角度，各个领域也经历了多代技术创新。

- 从传送网领域看，经历了以模拟通信和短距离数据通信系统为代表的第一代传送网，以异步的准同步数字体系（PDH）系统为代表的第二代传送网，以同步数字体系（SDH）系统为代表的第三代传送网，以及以光传送网/波分复用（OTN/WDM）系统为代表的第四代传送网的变化，目前以可重构光分插复用器/光交叉连接器（ROADM/OXC）为代表的第五代传送网已经迈入大发展阶段。
- 从接入网领域看，也同样经历了多代技术的创新，目前已经进入了以 10/50Gb/s 速率为基本特征的无源光网络（PON）阶段。
- 从用户驻地网领域看，那是一个应用范围、业务需求、传输媒质、终端数量和形态差异极大的多元化开放市场，以光纤到屋（FTTR）为代表的光网络解决方案正逐渐崛起，成为该领域重要的新生力量，具有很好的发展远景。

几十年来光网络容量提升了几十万倍，同期光网络比特成本也降为了几十万分之一。除了巨大的可用光谱和超大容量外，光网络的信道最稳定、功耗最低、电磁干扰最小、可用性最高，这些综合因素使得光网络成为电信网的最佳承载技术，造就了互联网、移动网和云计算蓬勃发展的今天。随着光网络的云化和智能化，以自动驾驶自治网为标记的随愿网络正在襁褓之中，必将喷薄而出，将光网络带入一个更高的发展阶段，成为未来云网融合时代最坚实的技术底座，为新一代的应用，诸如 AR/VR、产业互联网、超算机等提供可能和基础。简言之，光网络在过去、现在、将来都是现代信息和数字时代发展不可或缺的、最可靠的、最强大的基础设施。

“第五代固定网络（F5G）全光网技术丛书”中的《全光传送网架构与技术》《全光接入网架构与技术》《全光自动驾驶网络架构与实现》《全光家庭组网与技术》这四本书，

全面覆盖了上述各个领域和不同发展阶段的基本知识、架构、技术、工程案例等，是高校教师和华为光网络团队专家多年技术研究与大量工程实践经验的综合集成，图书的出版有助于读者系统学习和了解全光网各个领域的标准、架构、技术、工程及未来发展趋势，从而全面提升对于全光网的认识和管理水平。这些书适合作为信息通信行业，特别是光通信行业研究、规划、设计、运营管理人员的学习和培训材料，也可以作为高校通信、计算机和电子类专业高年级本科生和研究生的参考书。

韦乐平

工业和信息化部通信科技委常务副主任

中国电信科技委主任

2022 年 1 月

FOREWORD
序　　三

三生有幸，赶上改革开放，得以攻读硕士学位、博士学位，迄今从事了43年的光通信与光电子学的科学研究和高等教育，因此也见证了近半个世纪通信技术的发展和中国通信业的由弱变强。

改革开放的中国，电信业经历过一段高速发展的时期。我在1997年应邀为欧洲光通信会议(ECOC，1997，奥斯陆)所作大会报告中，引用了当年邮电部公布的一系列数据资料，向欧洲同仁介绍中国电信业的飞速发展。后来又连续多年收集数据，成为研究生课堂的教学素材。

从多年收集的数据来看，20世纪的整个90年代，中国电信业的年增长率都保持在33%～59%，创造了奇迹的中国电信业，第一次在世界亮相的舞台是1999年日内瓦国际电信联盟(ITU)通信展。就在这个被誉为"电信奥林匹克"的日内瓦通信展上，中国的通信企业，包括运营商(中国电信、中国移动、中国联通)和制造商(华为、中兴等)都是首次搭台参展。邮电部也组团参加了会议、参观了展览，我有幸成为其中一名团员。

邮电部代表团住在中国领事馆内。早晨在领事馆的食堂用餐时，有人告诉我，另一张餐桌上，坐着的是华为的总裁任正非。一个企业家，参加行业的国际展，不住五星级酒店，而是在领事馆食堂吃稀饭、油条，俨然创业者的姿态，令人肃然起敬。

因为要为华为公司组织编写的"第五代固定网络(F5G)全光网技术丛书"中的《全光传送网架构与技术》《全光接入网架构与技术》《全光自动驾驶网络架构与实现》《全光家庭组网与技术》写序，于是回想起这些往事。

又过了数年，21世纪初，我以北京邮电大学校长身份出访深圳，拜会市长，考察通信和光电子行业颇具影响力的三家企业：华为、中兴和飞通。

那时的华为，已经显现出腾飞的态势。任正非先生不落俗套，为节省彼此时间，与我站在职工咖啡走廊里一起喝了咖啡，随后就请助手领我去考察生产车间。车间很大，要乘坐电瓶车参观。"这是亚洲最大的电信设备生产车间"，迄今，我仍然记得当时驾车陪同参观的负责人的解说词。

再后来，华为的销售额完成了从100亿元到1000亿元的增长，又走过从1000亿元到8000亿元的成长历程。在我担任北京邮电大学校长的十年中，华为一直在高速发展。我办理退休了，也一直感受到华为在国际上的声望越来越高，华为的产品销往了世界各地，研发机构也推延到了海外。

经济在腾飞，高等教育和科技工作也在同步前进。进入21世纪的第二个十年，中国在通信领域的科研论文、技术专利数量的增加和质量的提高都是惊人的。连续几年，ECOC收到的来自中国的论文投稿数量，不是第一，就是第二。于是，会议的决策机构——欧洲管理委员会(EMC)在2015年决定，除美国、日本、澳大利亚之外，再增加一名中国的"国际咨询委员"。很荣幸，我收到了这份邀请。

2016年，第42届ECOC在德国杜塞尔多夫举行。在会议为参会贵宾组织的游轮观光晚宴上，我遇见华为的刘宁博士，他已经是第二年参加ECOC，并且担任了技术程序委员会(TPC)的委员，参加审阅稿件和选拔论文录用的工作。在EMC的总结会议上，听到会议主席说"投稿论文数量，中国第一""大会的钻石赞助商：华为"。一种自豪的情绪，在我心里油然而生。

在ECOC上，常常会碰到来自英国、美国、日本等国家的通信与光电子同行。在瑞典哥德堡会议上，遇见了以前在南安普顿的同事泡尔莫可博士，他在一家美国公司做销售。我对他说，在中国，我可没有见到过你们的产品。他说："中国有华为。"说得我们彼此都笑了。

能在ECOC第一天上午的全体大会上作报告，在光通信行业是莫大的荣耀。以前的报告者，常常是欧洲、美国、日本的著名企业家。2019年的ECOC，在爱尔兰的都柏林举行，全体大会报告破天荒地邀请了两位中国企业家作报告：一位来自华为；另一位来自中国移动。

《全光传送网架构与技术》《全光接入网架构与技术》《全光自动驾驶网络架构与实现》《全光家庭组网与技术》初稿是赵培儒先生和张健博士送到我办公室的。书稿由高校教师和华为研发一线工作多年的工程师联合编写。他们论学历有学历，论经验有经验。在开发商业产品的实践中，了解技术的动向，掌握行业的标准，对商业设备的参数指标要求也知道得清清楚楚。这些书对于光通信和光电子学领域的大学教师、硕士和博士研究生、企业研发工程师，都是极好的参考资料。

这些书，是华为对中国光通信事业的新的贡献。

感谢清华大学出版社的决策，进行图书的编辑和出版。

北京邮电大学 第六任校长
中国通信学会 第五、六届副理事长
欧洲光通信会议 国际咨询委员
2022年1月

FOREWORD
序　四

每一次产业技术革命和每一代信息通信技术发展，都给人类的生产和生活带来巨大而深刻的影响。固定网络作为信息通信技术的重要组成部分，是构建人与人、物与物、人与物连接的基石。

信息时代技术更迭，固定网络日新月异。漫步通信历史长河，100多年前，亚历山大·贝尔发明了光线电话机，迈出现代光通信史的第一步；50多年前，高锟博士提出光纤可以作为通信传输介质，标志着世界光通信进入新篇章；40多年前，世界第一条民用的光纤通信线路在美国华盛顿到亚特兰大之间开通，开启光通信技术和产业发展的新纪元。由此，宽带接入经历了以PSTN/ISDN技术为代表的窄带时代、以ADSL/VDSL技术为代表的宽带/超宽带时代、以GPON/EPON技术为代表的超百兆时代的飞速发展；光传送也经历了多模系统、PDH、SDH、WDM/OTN的高速演进，单纤容量从数十兆跃迁至数千万兆。固定网络从满足最基本的连接需求，到提供4K高清视频体验，极大地提高了人们的生活品质。

数字时代需求勃发，固定网络技术跃升，F5G应运而生。2020年2月，ETSI正式发布F5G，提出了“光联万物”产业愿景，以宽带接入10G PON + FTTR（Fiber to the Room，光纤到房间）、WiFi 6、光传送单波200G + OXC（全光交换）为核心技术，首次定义了固网代际（从F1G到F5G）。F5G一经提出即成为全球产业共识和各国发展的核心战略。2021年3月，我国工业和信息化部出台《“双千兆”网络协同发展行动计划（2021—2023年）》，系统推进5G和千兆光网建设；欧盟也发布了“数字十年”倡议，推动欧洲数字化转型之路。截至2021年底，全球已有超过50个国家颁布了相关数字化发展愿景和目标。

F5G是新型信息基础设施建设的核心，已广泛应用于家庭、企业、社会治理等领域，具有显著的社会价值和产业价值。

(1) F5G是数字经济的基石,F5G强则数字经济强。

F5G构筑了家庭数字化、企业数字化以及公共服务和社会治理数字化的连接底座。F5G有效促进经济增长,并带来一批高价值的就业岗位。比如,ITU(International Telecommunication Union,国际电信联盟)的报告中指出,每提升10%的宽带渗透率,能够带来GDP增长0.25%~1.5%。中国社会科学院的一份研究报告显示,2019—2025年,F5G平均每年能拉动中国GDP增长0.3%。

(2) F5G是智慧生活的加速器,F5G好则用户体验好。

一方面,新一轮消费升级对网络性能提出更高需求,F5G以其大带宽、低时延、泛连接的特征满足对网络和信息服务的新需求;另一方面,F5G孵化新产品、新应用和新业态,加快供给与需求的匹配度,不断满足消费者日益增长的多样化信息产品需求。以FTTR应用场景为例,FTTR提供无缝的全屋千兆WiFi覆盖,保障在线办公、远程医疗、超高清视频等业务的"零"卡顿体验。

(3) F5G是绿色发展的新动能,F5G繁荣则千行百业繁荣。

光纤介质本身能耗低,而且F5G独有的无源光网络、全光交换网络等极简架构能够显著降低能耗。F5G具有绿色低碳、安全可靠、抗电磁干扰等特性,将更多地渗透到工业生产领域,如电力、矿山、制造、能源等领域,开启信息网络技术与工业生产融合发展的新篇章。据安永(中国)企业咨询有限公司测算,未来10年,F5G可助力中国全社会减少约2亿吨二氧化碳排放,等效种树约10亿棵。

万物互联的智能时代正加速到来,固定网络面临前所未有的历史机遇。下一个10年,VR/AR/MR/XR用户量将超过10亿,家庭月平均流量将增长8倍达到1.3Tb/s,虚实结合的元宇宙初步实现。为此,千兆接入将全面普及、万兆接入将规模商用,满足超高清、沉浸式的实时交互式体验。企业云化、数字化转型持续深化,通过远程工业控制大幅提高生产效率,需要固定网络进一步延伸到工业现场,满足工业、制造业等超低时延、超高可靠连接的严苛要求。

伴随着千行百业对绿色低碳、安全可靠的更高要求,F5G将沿着全光大带宽、多连接、极致体验三个方向持续演进,将光纤从家庭延伸到房间、从企业延伸到园区、从工厂延伸到机器,打造无处不在的光连接(Fiber to Everywhere)。F5G不仅可以用于光通信,也可以应用于通感一体、智能原生、自动驾驶等更多领域,开创无所不及的光应用。

“第五代固定网络(F5G)全光网技术丛书”向读者介绍了F5G全光网的网络架构、热门技术以及在千行百业的应用场景和实践案例。希望产业界同仁和高校师生能够从本书中获取F5G相关知识，共同完善F5G全光网知识体系，持续创新F5G全光网技术，助力F5G全光网生态打造，开启“光联万物”新时代。

华为技术有限公司常务董事

华为技术有限公司ICT基础设施业务委员会主任

2022年1月

PREFACE

前　言

随着通信和计算机技术的飞速发展，家庭网络技术已经深入到每个家庭。电话、上网、高清电视业务等家庭业务的广泛应用，极大地丰富了人们的沟通和生活方式，为推动社会数字化进步作出了巨大贡献。当前，在光接入、WiFi、人工智能等新兴学科的推动下，超大带宽、智能化业务、超低时延的需求推动了家庭网络的持续发展，家庭网络已经发展到F5G时代。

家庭组网是一门实践性很强的学科，贴近用户，同时要求具有深厚的理论基础。以往关于家庭组网的书籍通常强调指导用户如何配置一个普通的家用路由器、如何配置PC上网等一些入门性内容，没有深入地对家庭网络组网技术和方案进行深入分析，读者难以理解各种操作背后的理论知识，从而无法对家庭网络新技术有深入的了解和学习。

本书紧扣读者需求，采用循序渐进的叙述方式，深入浅出地论述了全光家庭网络组网的发展代际、关键技术、应用实例、家庭组网演进和未来家庭网络前沿技术；此外，本书还分享了大量关键技术原理和实战案例并附有详细注解，有助于读者加深对家庭网络相关技术原理的理解。

一、内容特色

与同类书籍相比，本书有如下特色：

例程丰富，解释翔实

本书编者从事家庭网络解决方案设计多年，所设计的家庭网络解决方案服务于全球Top 100+运营商，研发的家庭网络产品在现网拥有2亿设备保有量。本书通过家庭网络技术的详细介绍，涵盖PON宽带接入、WiFi、Mesh组网、全光FTTR等技术，图文并茂、深入浅出，不但可以加深读者对相关理论的理解，而且可以有效提高读者对未来家庭网络组网及业务的认识。

原理透彻，注重应用

将理论和实践有机结合是进行未来全光家庭网络组网研究和应用成功的关键。本书针对家庭网络分门别类、层层递进地进行了详细的叙述和透彻的分析，既体现了各知识点之间的联系，又兼顾了渐近性。

传承经典，展示未来

第4章详细探讨了家庭网络的最新进展，以及家庭网络领域研究热点和最新研究动向。针对家庭网络未来架构、家庭内 FTTR 全光数字化底座、智慧家庭 IoT、家庭智能化应用、场景化应用的基本原理和实现过程进行了详细论述。

图文并茂，语言生动

为了更加生动地诠释知识要点，本书配备了大量图片，以便提升读者的兴趣，加深对相关理论的理解。在文字叙述上，本书摒弃了枯燥的平铺直叙，和家庭业务应用相结合，贴近实际；同时，本书还增加了“家庭网络实践”板块，真正体现了理论联系实际的理念，使读者能够体会到“学以致用”的乐趣。

二、结构安排

本书主要介绍全光家庭组网相关知识，共6章，内容包括家庭网络概述、传统家庭网络组网、家庭网络技术、下一代家庭网络、家庭网络实践以及展望。

三、致谢

本书主要由邱才明、汪伊明编写，参与编写的人员还有罗勇、唐刚、张西刚、严成安、胡淑宝、胡明、唐友国、李晓梅。

限于编者的水平和经验，加之时间比较仓促，疏漏或者错误之处在所难免，敬请读者批评指正。

编　者

2022年1月

CONTENTS

目　录

第1章

家庭网络概述

1.1 什么是家庭网络

家庭网络是指家庭内部以有线或无线方式将多个终端设备(如手机、计算机、电视等设备)连接起来的网络。家庭网络不仅包括电信网、互联网、有线电视网,也包括将家庭数字终端集成起来,使之能够实现内容的传递和资源共享的数字网络。

随着家庭网络业务和应用的不断深入,不同终端、不同网络、不同业务之间的融合将越来越明显。家庭网络融合的研究范围包括终端、网络和业务等方面,本书主要研究家庭网络组网、技术以及下一代家庭网络。

1.2 家庭网络的历史变迁

技术和业务需求驱动了家庭网络的快速演进,大带宽、多业务、低时延的需求推动了家庭网络的持续发展,如图 1-1 所示,家庭网络已经发展到 F5G 时代。

1. 从业务看家庭网络的变迁

(1) 1980—1989 年:窄带时代,纯电信网络业务,我们称之为 F1G 时代。

(2) 1990—1999 年:宽带时代,进入互联网时代,我们称之为 F2G 时代。

(3) 2000—2010 年:超宽时代,也称为 3C 融合时代,我们称之为 F3G 时代。

(4) 2010—2020 年:百兆超宽时代,和 WiFi 融合催熟无线互联网,我们称之为 F4G 时代。

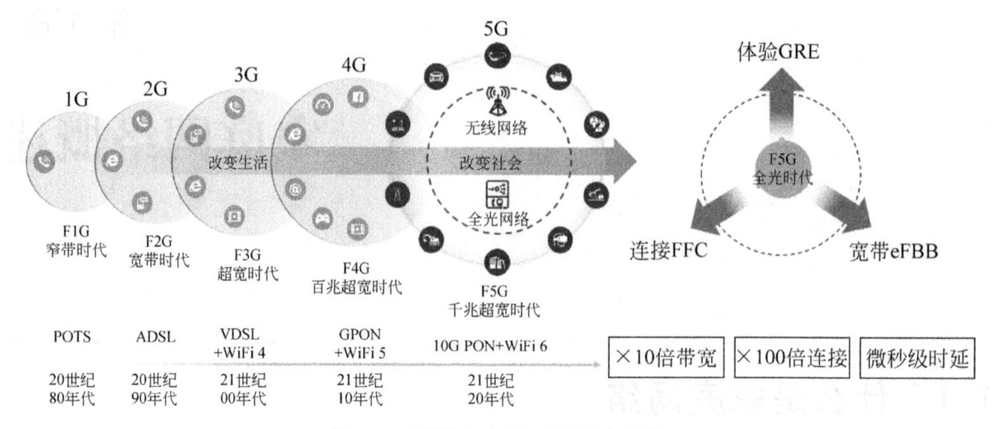

图 1-1　无源全光园区网络全景图

（5）2020 年起：千兆超宽时代，我们称之为 F5G 时代。

总体来看，家庭网络产业 10 年一个代际，从传统的模拟固话业务时代、和互联网融合、进一步和有线电视网融合、催熟无线互联网，直到现在的智能化时代。

2. 从技术看家庭网络的变迁

（1）1980—1989 年：POTS 技术，带宽 64kb/s～2Mb/s，传输距离 5km。

（2）1990—1999 年：ADSL 时代，带宽 2Mb/s，传输距离 10km。

（3）2000—2010 年：VDSL + WiFi 4 技术，带宽 20～100Mb/s，传输距离 1km。

（4）2010—2020 年：GPON + WiFi 5 技术，带宽 100～500Mb/s，传输距离 20km。

（5）2020 年起：10G PON + WiFi 6 技术，带宽 500Mb/s～1Gb/s，传输距离 20km。

1.3　家庭网络面临的挑战

目前实现了千兆光纤到家，但复杂的家庭网络内部仍然面临诸多挑战。

（1）带宽：签约带宽不等于用户可获得带宽，主要受现有网线质量、WiFi Mesh 组网不稳定等因素影响。

(2) 速率：千兆光纤到家，现有 GPON/EPON 网络架构不能支持大规模部署千兆，家庭内缺少光纤布线，也不能支持真正千兆到房间。

(3) 覆盖：WiFi 信号覆盖弱，在洗手间、厨房、卧室和阳台等家庭的边缘地带无信号。

(4) 体验：视频卡顿，视频缓冲，游戏时延大，打开网页慢等体验问题，千兆宽带不等于好的千兆业务体验。

(5) 家庭 IoT 互联：家庭 IoT 生态碎片化，生态不兼容，没有一致体验。

下面是 2550 个宽带用户的样本调查。

(1) 宽带带宽签约套餐分布、宽带满意度，以及家庭宽带业务体验统计，如图 1-2 所示。

看速率，提速和满意度呈现正相关性

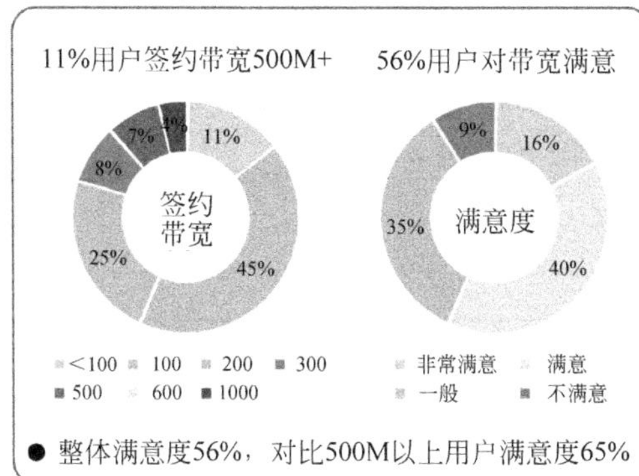

看体验，宽带网络质差表现

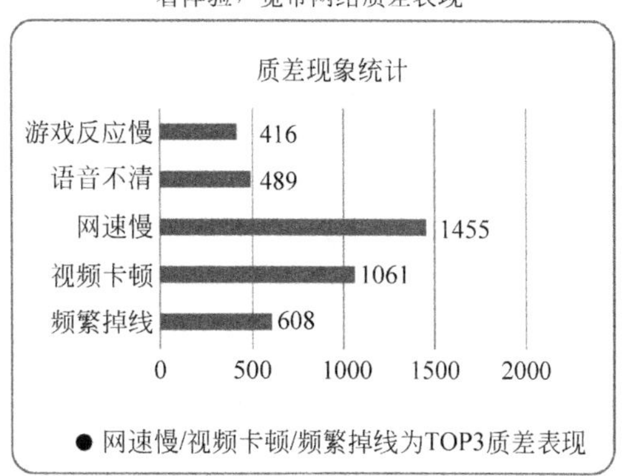

图 1-2　家庭的宽带满意度以及宽带网络质差表现(2550 户样本)

(2) 家庭户型及 WiFi 热点个数统计，如图 1-3 所示。

34%家庭有2个或以上的WiFi热点

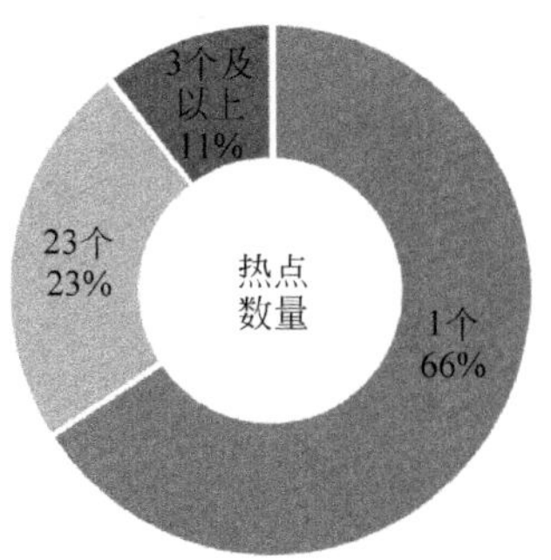

49.60%户型大于100平方米

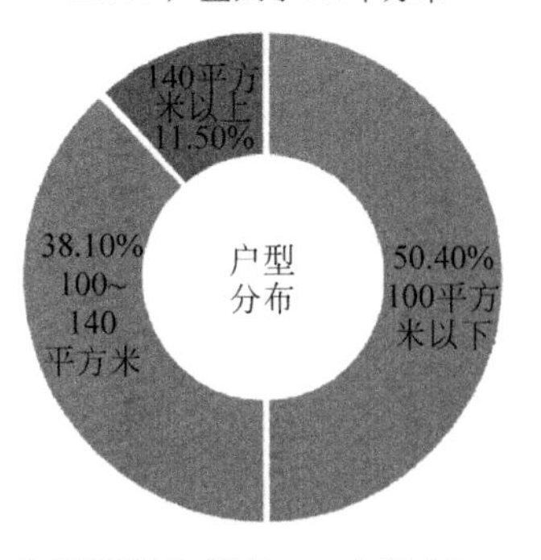

图 1-3　家庭的 WiFi 热点数以及居住房屋面积比例(2550 户样本)

1.4 家庭网络新业务需求

家庭网络从早期的固话接入,网络接入和电视接入到如今的家庭数字中心,承载着家庭娱乐中心(视频、游戏等)、办公中心(在线办公、远程教育和直播等)、通信中心(全息通信、AR/VR 等)的重要作用。这些新的业务应用由于具有不同的业务属性,对带宽、时延和丢包率要求也不同,详细如表 1-1 所示。

表 1-1 家庭网络新业务需求

序号	业务	业务需求
1	VR	大带宽、低时延、低丢包率
2	AR	超大带宽、极低时延、极低丢包率
3	云游戏	大带宽、低时延、低丢包率
4	手游/端游	低时延
5	教育	低时延
6	办公	低时延
7	直播	低时延、低丢包率
8	全息通信	超大带宽、极低时延、极低丢包率

第2章

传统家庭网络组网

2.1 传统家庭网络组网拓扑

说到组网拓扑，需要先了解一下 Mesh 网络。Mesh 网络即“无线网格网络”，是解决“最后一公里”问题的关键技术之一。在向下一代网络演进的过程中，无线是一个不可缺的技术，无线 Mesh 可以与其他网络协同通信，是一个动态的可以不断扩展的网络架构，任意的两个设备均可以保持无线互联。

在 Mesh 组网中双频智能网关和扩展 Mesh AP 间建立一种典型稳定树形结构，根据在 Mesh 网络中的功能不同，可以分为 MAP、AP 两种角色，如图 2-1 所示。

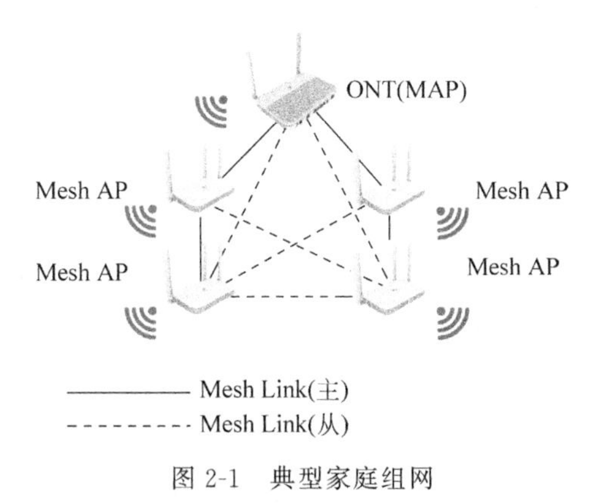

图 2-1　典型家庭组网

1. Mesh Master Access Point(MAP)

连接 Mesh 网络和其运营商网络的节点。这个节点具有接入到运营商网络功能，可以实现 Mesh 内部节点和外部网络的通信。在 Mesh 组网中，双频智能网关就是一个

MAP 角色,同时给用户提供 WiFi 热点接入,后面统一用双频智能网关来描述该节点。

2. Mesh Access Point(AP)

在 Mesh 网络中,使用 IEEE 802.11MAC 和 PHY 协议进行 WiFi 通信,并且支持 Mesh 功能的节点。该节点支持自动拓扑、路由的自动发现、数据报文转发等功能。AP 节点可以同时提供服务和用户接入服务。如图 2-1 所示的 Mesh AP 角色,就是通常说的扩展 AP,后面统一使用扩展 AP 来描述该节点。

3. Mesh 连接(Mesh Link)

双频智能网关和扩展 AP 之间通过连接管理协议建立的 WiFi 连接,从 Mesh 连接的物理介质来看,可以是电力线、WiFi、网线或光纤等多种介质。

2.2 电力线组网

2.2.1 组网方案

电力线组网方案以电力线作为信号传输介质,使用 PLC(Power Line Communication)载波通信协议承载移动终端设备的回传数据。

电力线组网方案由一个主电力猫[①]和多个从电力猫组成,主电力猫上行通过以太网线接入到家庭网关;从电力猫上行使用 PLC 协议与主电力猫及其他从电力猫进行通信,下行提供 WiFi 或以太接入,如图 2-2 所示。

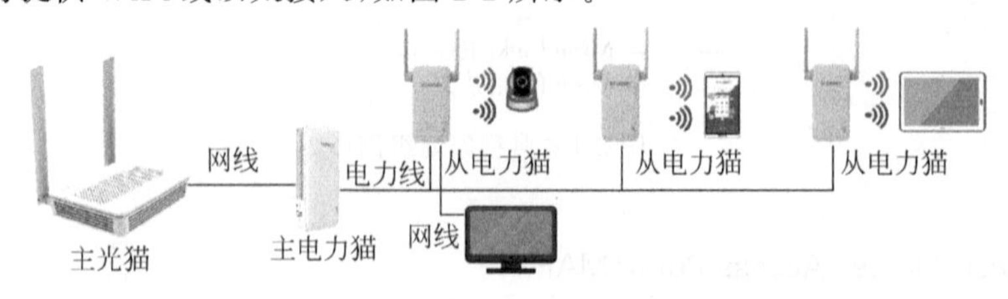

图 2-2 电力线组网方案

① 此处的"猫"为英文 Modem 的音译,常用于家庭组网方案的描述中。

PLC 的传输介质决定了其通信具有稳定性不高、环境时变性特点：首先，电力线上会接入各种用电设备，以及电源开关等，设备内的电源产生的各种传导噪声会灌入电力线；其次，电力线缆的种类繁多，每一种情形下的阻抗都不同，另外接入电器的数量，即负载的变化也会带来阻抗的变化；最后，PLC 设备阻抗匹配度直接影响发送到电力线上载波信号质量和信号接收灵敏度。电力线组网方式因受到上述因素的影响，无法做到大带宽、低时延的稳定家庭网络。

电力线组网方案的劣势：

（1）千兆到户后，使用电力线组网时，电力线上会接入各种用电设备都会影响到实际使用体验和实际工作带宽，往往实际带宽要小于 200Mb/s。

（2）无法满足未来业务大带宽和低时延的要求。

2.2.2　电力线介绍

电力线组网是使用 PLC 载波通信协议承载 WiFi 回传数据的。主流 PLC 技术标准有 HomePlug AV 和 ITU G. hn 两大体系。G. hn 标准相比 HomePlug AV，具有更好的抗邻居干扰机制。

1. ITU G. hn 体系

G. hn 频谱规划，100MHz 频宽支持 1GHz，频谱扩展到 200MHz 规划中，如图 2-3 所示。

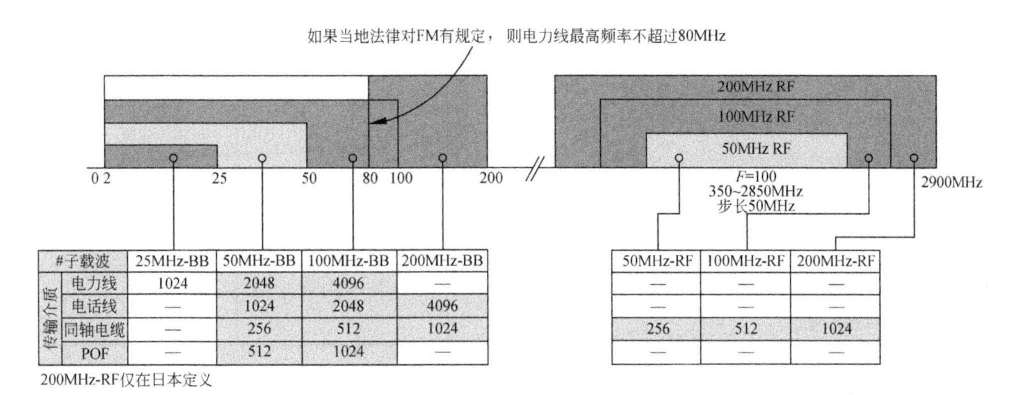

传输介质 / #子载波	25MHz-BB	50MHz-BB	100MHz-BB	200MHz-BB
电力线	1024	2048	4096	—
电话线	—	1024	2048	4096
同轴电缆	—	256	512	1024
POF	—	512	1024	—

50MHz-RF	100MHz-RF	200MHz-RF
—	—	—
—	—	—
256	512	1024
—	—	—

图 2-3　ITU G. hn 频谱规划

2. HomePlug 体系(标准上已经停止刷新)

HomePlug AV2 扩展支持 30～86MHz,MIMO 支持千兆速率,实际目前大部分芯片还是 SISO,如图 2-4 所示。

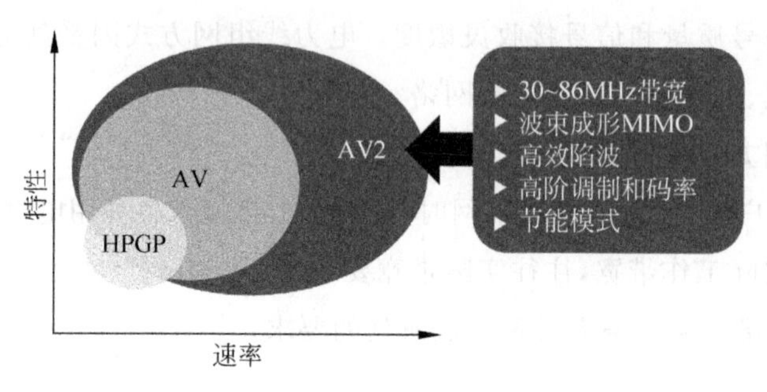

图 2-4　HomePlug 标准

3. G.hn 和 HomePlug 对比

G.hn 频谱规划上也全面超越 HomePlug 标准。G.hn 和 HomePlug 对比如表 2-1 所示。

表 2-1　G.hn 和 HomePlug 对比

优　点	G.hn	HomePlug AV2 MIMO	HomePlug AV/AV2 SISO
高可靠跨越电力相位 MIMO 双相位技术 &LDPC	√	×	×
实际应用效果更好 独有 G.hn 算法	√	×	×
优化视频流 LDPC/FEC 纠错技术	√	×	×
在 MDU 应用中表现出色 NDIM 信号分离技术	√	×	×
更高速率,更加稳定 MIMO 双相位技术	√	√	×

G.hn 支持 TDMA+CSMA,可以根据业务属性由网络主节点来合理地分配发送机会,以保证业务报文的 QoS。

HomePlug 采用 CSMA/CA 技术,带宽利用率较低,QoS 难以保证。

注意：电力线组网介质决定了其通信具有稳定性不高、环境时变性特点，无法提供大带宽、低时延的稳定网络。

2.3 WiFi组网

2.3.1 组网方案

WiFi组网方案使用WiFi中继扩展WiFi的覆盖范围，在该组网中无线信号同时承载数据回传和用户WiFi接入。WiFi中继设备包含一个前传(Front-haul)的AP，承担用户的终端接入；同时包含一个回传(Back-haul)的STA，用于级联到上层网关，如图2-5所示。

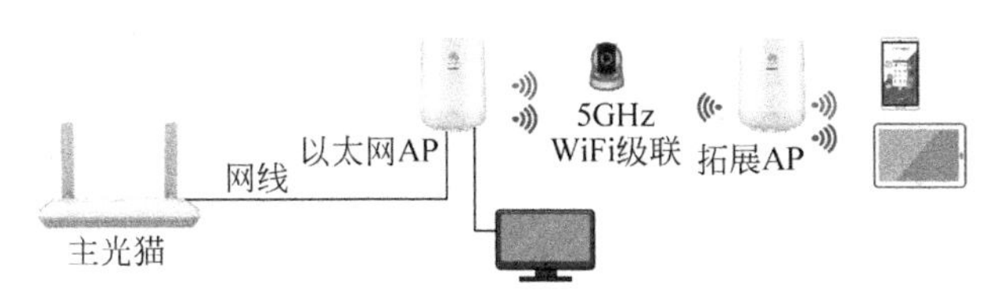

图2-5　WiFi组网方案

WiFi组网方案无法回避WiFi在家居环境中干扰多以及遇墙体等障碍物衰减严重的问题，而且由于前传和回传同时使用WiFi，回传同样会占用接入侧的无线带宽，会存在WiFi的带宽折半问题，如图2-6所示。

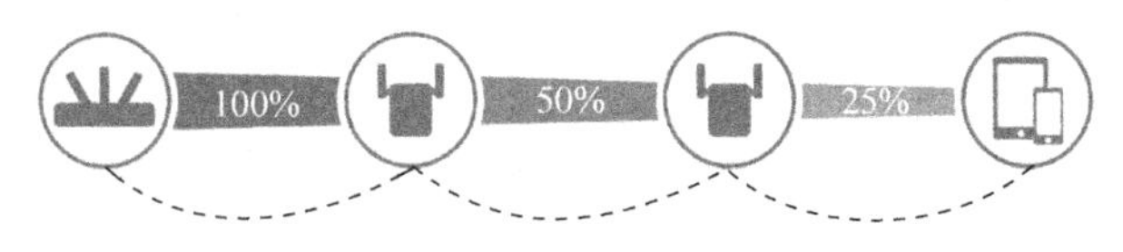

图2-6　WiFi组网方案性能折半

常常有用户反馈，使用WiFi组网方案时，末端AP连接的设备看到的信号明明显示良好，但速率却依然上不去。

WiFi组网方案的优劣势如下所述。

(1) 无须提前布线，部署灵活简单。

(2) 千兆到户后，使用WiFi组网时，用户实际使用的带宽受环境(墙体和家居等障碍物影响，周围干扰等）影响大，且速率不稳定。

（3）WiFi同时承担回传和接入功能，存在WiFi的带宽折半问题。

2.3.2 WiFi介绍

WiFi组网使用WiFi中继扩展WiFi的覆盖范围，不同制式WiFi组网用户接入的带宽不一样，如图2-7所示。千兆宽带时代需要支持千兆WiFi，这就对组网设备支持的WiFi制式有着比较高的要求，千兆WiFi接入时WiFi 6制式将成为标配。

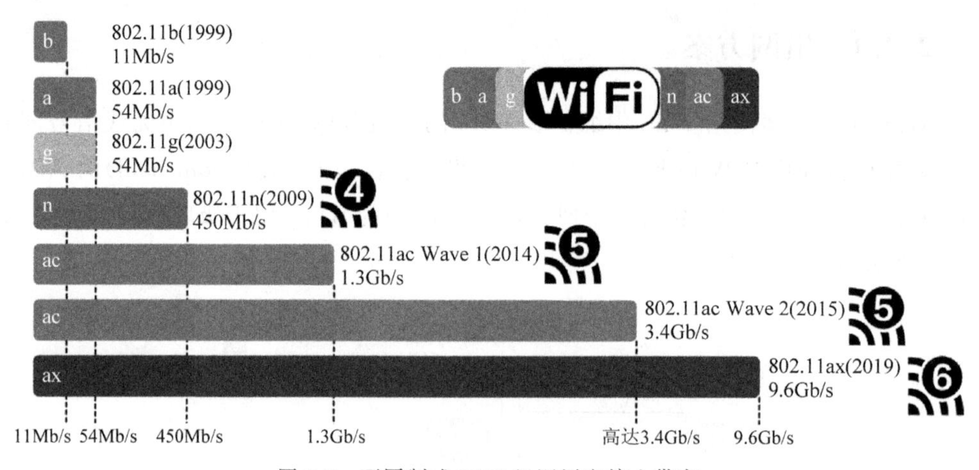

图2-7 不同制式WiFi组网用户接入带宽

每增加一级级联，空口减半。

传统WiFi Mesh采用的是无线组网，在部署上比较容易，但WiFi组网无法回避WiFi在家居环境中干扰多以及遇墙体等障碍物衰减严重的问题，若前传和回传均使用WiFi时，则会占用接入侧的无线带宽，导致WiFi的带宽折半。

WiFi信号无法穿透金属物，而很多家庭放置网关的信息箱门是打孔金属板，导致WiFi信号质量非常差。常见家庭障碍物对WiFi信号造成的衰减如表2-2所示。

表2-2 常见家庭障碍物对WiFi信号造成的衰减参考

障碍物	衰减	障碍物	衰减
承重墙	20～40dB	普通混凝土墙	10～18dB
楼层	30dB	空心砖墙	4～6dB
石膏板墙	3～5dB	普通玻璃门窗	2～4dB
木门	3～5dB	金属镀膜玻璃门窗	12～15dB
木质家具	2～10dB	木板隔墙	5～8dB
金属物	全反射	水	全吸收

2.4　网线组网

2.4.1　组网方案

网线组网方案是以智能网关作为 Mesh 网络的主节点，主节点与子节点（以太上行 AP）之间、子节点与子节点间使用网线直连组成 Mesh 网络，通过以太网网线承载子节点的回传数据，如图 2-8 所示。

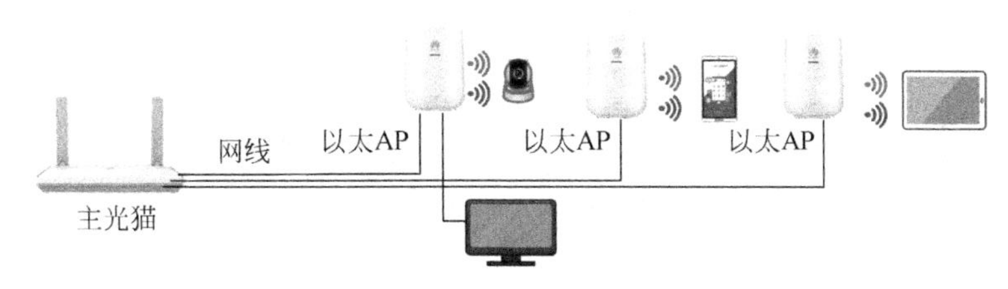

图 2-8　网线组网方案

网线组网方案的优劣势如下所述。

（1）利用现有网线实现快速网络部署，简单易操作。

（2）主节点和子节点的以太接口典型理论带宽为 1Gb/s，但实际承载速率依赖网线质量，通常普通家庭和少数办公楼宇现有的网线达不到 CAT5E 等级，实际带宽上限仅百兆，严重制约了 Mesh 网络的吞吐能力。如达到 1Gb/s 速率需要使用 CAT5E 或 CAT6 等级品质的网线，对于全部使用 CAT5E 和 CAT6 网线的组网，也因为数据包头开销和重传等原因，实际速率为 950Mb/s 左右。

（3）线缆容易老化，且线缆中的信号易受到周边干扰，无法满足未来业务对速率升级的诉求。

2.4.2　网线介绍

网线组网以家庭网关作为 Mesh 网络的主节点，主节点与子节点间，以及子节点间使用网线直连，通过以太网链路协议承载 WiFi 传输数据，如图 2-9 所示，家庭常用网线包括超五类、六类和超六类。

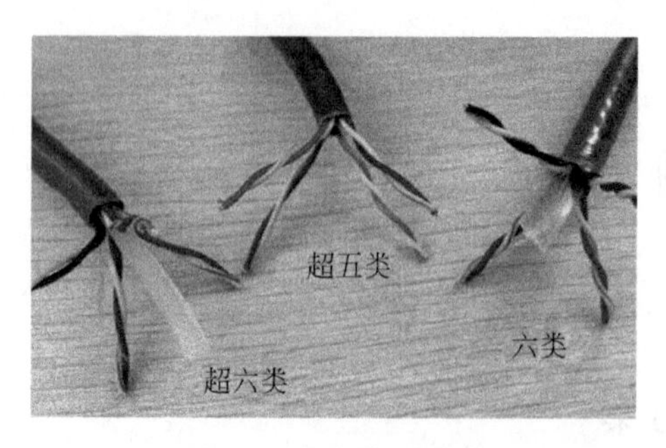

图 2-9　家庭常用网线

目前在市面上三类和四类双绞线早已被淘汰，五类网线的最高传输速率为100Mb/s，主要用于百兆网络和十兆网络。随着千兆带宽的普及，五类网线也逐步被超五类网线和六类网线替代，七类网线因价格昂贵当前并未广泛使用。

网线原则上数字越大，版本越新，带宽也越高，价格也会相应会提高，如表 2-3 所示。

表 2-3　五类、超五类、六类、超六类和七类网线对比

类　　型	五类网线(CAT-5)	超五类网线(CAT-5e)	六类网线(CAT-6)	超六类网线(CAT-6a)	七类网线(CAT-7)
最高速率	100Mb/s	1000Mb/s	1000Mb/s	1Gb/s～10Gb/s	10Gb/s
工作频率	100MHz	100MHz	1～250MHz	200～500MHz	500～600MHz
导线对	2	4	4	4	4
线径	0.45～0.50mm	0.48～0.51mm	0.56～0.58mm(有骨架)	0.58mm	0.58mm 优质无氧铜为传输导体
标准	—	TIA/EIA 认可	TIA/EIA 认可	TIA/EIA 认可	没有 TIA/EIA 认可和标准
线缆类型	非屏蔽	非屏蔽	非屏蔽/屏蔽	非屏蔽/屏蔽	每对都有屏蔽层，8 根芯外还有屏蔽层
应用场景	主要用于 100BASE-T 和 10BASE-T 家庭网络	超五类网线的支持的最高传输速率高达 1000Mb/s，一般用于 100Mb/s 的小型办公室、家庭网络中	使用在大型企业或高速应用的千兆网络，常被称为“千兆网线”	相对于六类线来说，在串扰、衰减、信噪比等方面有了很大的改善。用于大型企业或高速应用	数据中心

1）六类网线和五类网线的不同点

（1）两者的内部结构不同，六类网线内部增加了十字骨架，将双绞线的四对线缆分别置于十字骨架的 4 个凹槽内，解决线路传输中常见的“串扰”问题。

（2）两者的铜芯大小不同，五类网线铜芯直径小于 0.45mm，超五类网线为 0.48～0.51mm，标准六类网线为 0.56～0.58mm。

2）超六类网线和六类网线的不同点

（1）超六类网络采用了齿轮状的有线槽形状，可有效地改变增强信号防止信号衰减的最小化。

（2）超六类线同样是 ANSI/EIA/TIA-568B.2 和 ISO 6 类/E 级标准中规定的一种非屏蔽双绞线电缆，在串扰、衰减和信噪比等方面有较大改善。

3）七类网线和六类网线的不同点

（1）七类网线是一种屏蔽网线，七类线缆中的每一对线都有一个屏蔽层，4 对线合在一起外部有一个大屏蔽层；而六类网线有 UTP 非屏蔽结构和 FTP 屏蔽结构，六类屏蔽网线又分为双屏蔽网线和单屏蔽网线，也就是一层铝箔加屏蔽网和一层铝箔的，含有十字骨架。

（2）七类网线线芯的直径为近 0.58mm 优质无氧铜为传输导体，比六类线稍粗，且选用化学发泡绝缘，极大地提高了单根导体的传输性能。

（3）从传输性能上来看，七类网线可提供至少 500MHz 的综合衰减对串扰比和 600MHz 的整体带宽，是六类线和超六类线的 2 倍以上，传输速率可达 10Gb/s。

（4）六类和超六类网线还是传统的 RJ45 结构，七类目前被认可的结构都是非 RJ45 型的，主要是西蒙和耐克森两个品牌。

2.5　组网方案对比

截至 2019 年 12 月底，国内三大电信运营商的 100Mb/s 以上宽带用户数为 3.84 亿户，占比 85.5%，1000Mb/s 以上接入速率的用户数也达到了 87 万户，29 个省的 59 家省级运营商实现了千兆业务商用。根据某省电信 198 万家庭宽带用户套餐数据调研显示，62%的用户开通了 200M 的家庭宽带套餐。在家庭组网场景中，电力线组网、WiFi 组网和网线组网等方式的 Mesh 组网存在不足，无法满足主流 200Mb/s 家庭宽带套餐的需求，如图 2-10 所示。当前沿街商铺和中小企业主要使用网线组网方案，存在网线规格过低和线缆老化导致性能低、丢包、性能不稳定等问题，这些用户存在提速换线的诉求。

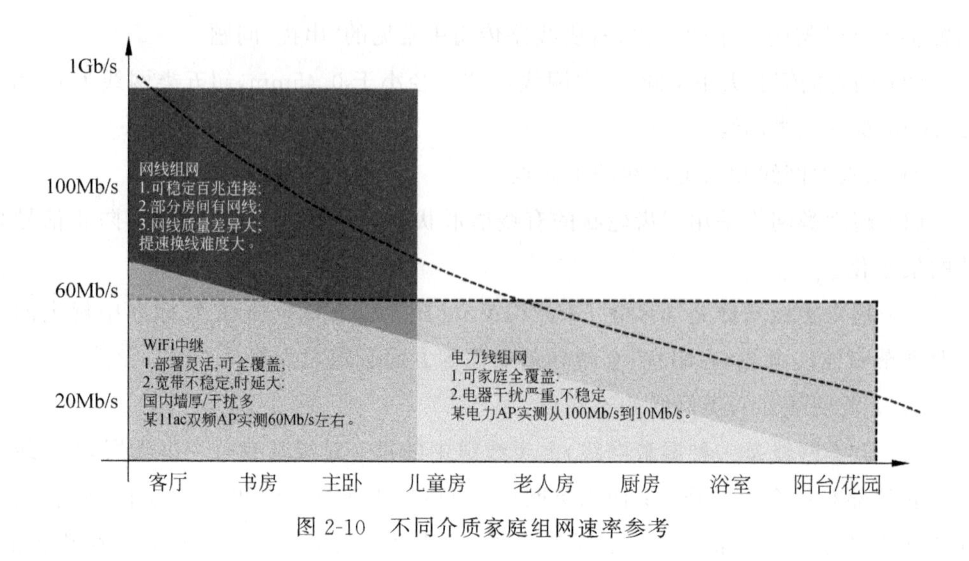

图 2-10　不同介质家庭组网速率参考

不同介质家庭组网方案存在的问题如表 2-4 所示。

表 2-4　不同介质家庭组网承载方案对比

组网场景	存在的问题
电力线组网	无法满足 200Mb/s 的基本带宽需求 • PLC 不稳定、电器干扰、跨空开 • PLC 链路机制，多个 AP 共享 400Mb/s 带宽
WiFi 组网	很难满足稳定 200Mb/s 的可用带宽 • WiFi 信号干扰严重 • 家庭内无线信号穿越墙体衰减大 • 信道带宽逐级折半
网线组网	大多使用只能支持 100Mb/s 的五类网线(CAT5)，网线规格和质量限制了千兆路由器的性能。建议在新建组网场景时选择质量较优的 CAT5E 或 CAT6 标准网线，解决速率突破百兆的限制

在家庭场景中，电力线、WiFi、网线等组网方案均存在一些关键问题，无法支撑当前主流 200Mb/s 串扰及高价值千兆家宽带套餐的需求。中小企业也出现因网线规格和质量过低导致网络带宽过窄和丢包等网络不稳定的问题。

业内近年来提出使用光纤实现家庭组网方案，凭借高带宽、高可靠、稳定无干扰等诸多优点得到重点关注，该方案以家庭网关作为 Mesh 网络的主节点，主节点与子节点边缘光网络终端(AP/ONT)之间使用光纤相连，通过光层链路协议承载 WiFi 回传数据，主节点的 WiFi 和子节点的 WiFi 组成 Mesh 网络。

第 3 章

家庭网络技术

3.1 PON 技术

3.1.1 PON 网络架构

如图 3-1 所示，PON(Passive Optical Network，无源光网络)采用的是点到多点(P2MP)结构的网络架构。PON 网络是一个二层的网络架构，网络中只有两端的 OLT 和 ONT 部件是有源部件，中间的 ODN 网络都是无源部件，OLT 统一对所有的 ONT 进行管理。

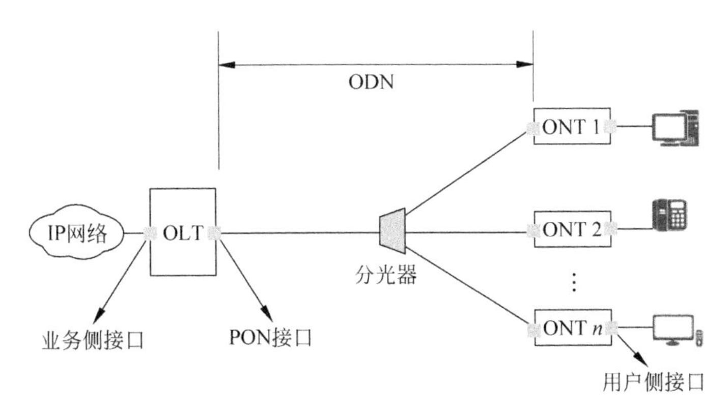

图 3-1 PON 网络架构

PON 网络主要由以下 3 个部件构成。

(1) OLT(Optical Line Terminal，光线路终端)：一般放置在中心机房，是终结 PON 协议的汇聚设备，通过 PON 接口和 ODN 网络连接，对 ONT 进行集中管理。

(2) ONT(Optical Network Terminal，光网络终端)：放置在用户侧，提供各种接

口连接用户设备(例如用户的 PC、打印机、话机等),将用户设备信号转换成 PON 协议,通过 PON 上行接口与 ODN 连接后传输给 OLT 进行处理。

(3) ODN(Optical Distribution Network,光分配网络):OLT 和 ONT 通过中间的无源光分配网络 ODN 连接起来进行互相通信。ODN 是由光纤、一个或多个无源分光器(Splitter,也叫无源光分路器)等无源光器件组成的无源网络。

3.1.2 PON 工作原理

PON 按照复用技术分为 3 种,分别是 TDM(Time Division Multiplexing,时分复用)PON、WDM(Wavelength Division Multiplexing,波分复用)PON 和 TWDM(Time and Wavelength Division Multiplexed,时分波分复用)PON。

当前在家庭网络中主要使用的是 TDM PON 技术,本章节主要针对 TDM PON 进行介绍(书中 TDM PON 简称为 PON)。

1. 工作原理概述

PON 系统如图 3-2 所示,PON 系统上行/下行采用不同的波长进行数据承载,采用波分复用原理实现上行/下行不同波长在同一个 ODN 网络上传输,实现单纤双向传输。

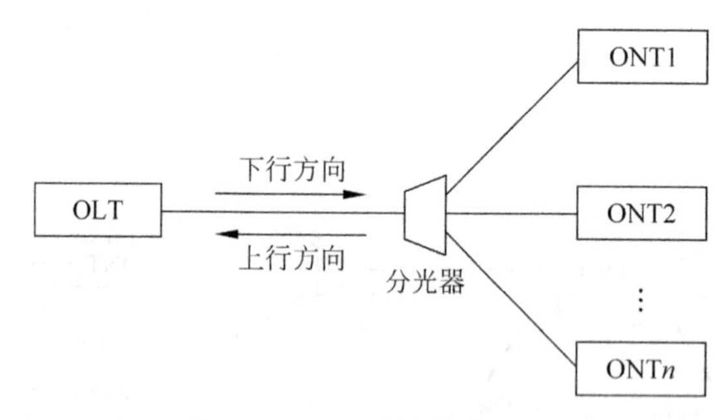

图 3-2　PON 系统传输原理

以 GPON 系统为例,系统工作原理如下。

(1) GPON 网络采用单根光纤将 OLT、分光器和 ONT 连接起来,上下行采用不同的波长进行数据承载。上行采用 1290～1330nm 范围的波长,下行采用 1480～1500nm 范围的波长。

(2) GPON 系统采用波分复用的原理通过上下行不同波长在同一个 ODN 网络上

进行数据传输，下行通过广播的方式发送数据，而上行通过 TDMA 的方式，按照时隙进行数据上传。

2. 上行工作原理

PON 上行方向的基本原理如图 3-3 所示。

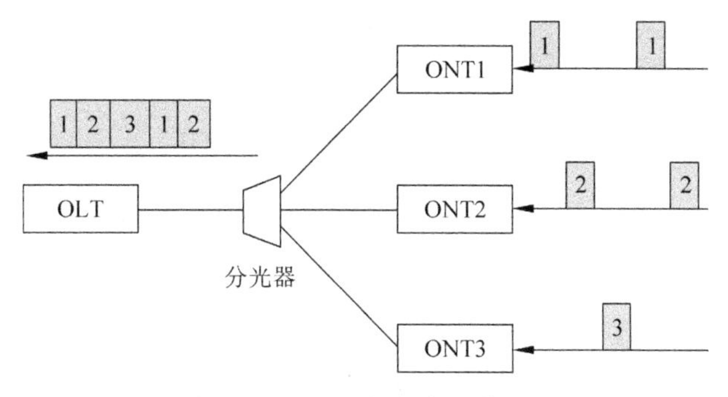

图 3-3 PON 上行方向工作原理

PON 上行方向采用的是时分复用 TDM 的方式，这样保证 ONT 的报文在上传到 OLT 的过程中不会产生冲突。

ONT 收到 UNI 侧的用户单元设备如 PC、AP 等发送的数据报文后，向 OLT 申请发送数据报文。OLT 根据各 ONT 的带宽申请情况，通过多点控制协议 MPCP 控制每个 ONT 在指定的时间起始点发送指定时间长度的数据，给不同的 ONT 分配不同的时隙，各个 ONT 就在分配给自己的时隙内有序发送数据报文。

通过 OLT 控制的时分复用方式，多个 ONT 可以共享整个上行带宽，而且 PON 还有光纤长度测距等关键技术，确保多个 ONT 在同一个光纤上不会出现多个 ONT 发送碰撞而退避等问题。

在 PON 的上行方向，受光分路器的实现原理和光信号的直线传输，光信号只会发往 OLT，而不会发到其他 ONT，所以上行方向相当于点对点的传输。从安全方面考虑，PON 的上行方向使用了安全加密等手段，保障了家庭业务的安全性。

3. 下行工作原理

PON 下行方向的基本原理如图 3-4 所示，PON 下行方向采用的是广播的方式。

在下行方向，OLT 发送的数据报文通过分光器(一个无源光分路器或几个光分路器的级联)广播到达各个 ONT，发往不同的 ONT 的报文携带不同 ONT 的标识，各

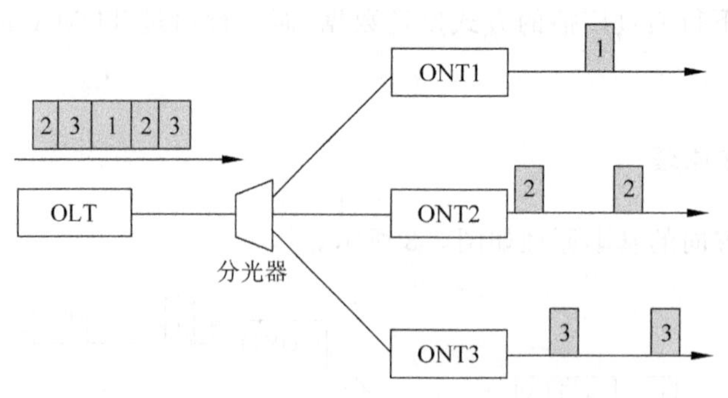

图 3-4　PON 下行方向工作原理

ONT 根据报文中的 ONT 标识选择取出发给自己的数据报文，丢弃其他 ONT 的无效报文。

为了保证 PON 下行方向的报文安全，每个 ONT 的 UNI 接口发往用户设备的报文只是这个用户设备所需要的报文，其他非发往这个用户设备的报文已经在 ONT 的 PON 端口丢弃，不会发往该 ONT 的 UNI 接口。

此外，OLT 和 ONT 之间还做了增强安全处理，OLT 和不同 ONT 之间采用不同的密钥来加密报文并进行发送，若 ONT 收到其他 ONT 的报文，没有密钥也无法识别，从而保障了业务的安全性。

3.1.3　PON 带宽分配

PON 上行方向是多个 ONT 通过时分复用方式共享，对数据通信这样的变速率业务不适合，例如，若按业务的峰值速率静态分配带宽，则整个系统带宽很快就被耗尽，而且带宽利用率很低，所以需要采用 DBA（Dynamic Bandwidth Assignment，动态带宽分配）提升系统的带宽利用率。

对于从 ONT 到 OLT 的上行传输，多个 ONT 采用时分复用的方式将数据传送给 OLT，必须实现对上行接入的带宽控制，以避免上行窗口之间的冲突。

DBA 动态带宽分配技术在 OLT 系统中专用于带宽信息管理和处理，是一种能在微秒或毫秒级的时间间隔内完成对上行带宽的动态分配的机制。在 OLT 系统中，在上行方向可以基于各个 ONT 进行流量调度。

DBA 的实现过程如图 3-5 所示，ONT 如果有上行信息发送，会向 OLT 发送报告申请带宽，OLT 内部的 DBA 模块不断收集 DBA 报告信息进行计算，并将计算结果以 BW Map（Bandwidth Map，带宽地图）的形式下发给各 ONT。各 ONT 根据 OLT 下发的BW Map信息在各自的时隙内发送上行突发数据，占用上行带宽。这样就能保证每个ONT都可以根据实际的发送数据流量动态调整上行带宽，从而提升了上行带宽的利用率。

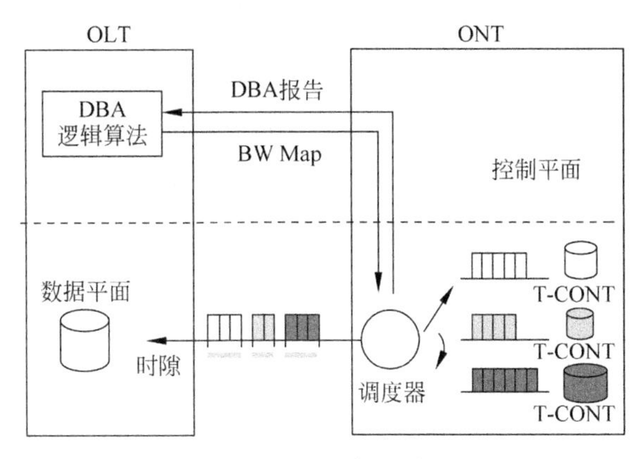

图3-5　DBA实现过程

DBA对PON的带宽应用情况进行实时监控，OLT根据带宽请求和当前带宽利用情况，以及配置情况进行动态的带宽调整。

DBA可以带来以下好处：

(1) 可以提高PON端口的上行线路带宽利用率。

(2) 可以在PON口上增加更多的用户。

(3) 用户可以享受到更高带宽的服务，特别适用于对带宽突变比较大的业务。

PON的上行方向采用DBA进行带宽的分配，每个ONT的带宽是由OLT集中控制和分配，在带宽的分配上，可以支持独享+共享的方式，实现带宽利用的最大化。

(1) 每个ONT可以单独配置一个独享的带宽，例如，配置为Fixed固定带宽，或者Assured保证带宽(其他Fixed固定带宽的分配优先级要高于Assured保证带宽)。

(2) Fixed固定带宽是不能共享的，如果OLT给某个ONT分配了Fixed固定带宽之后，如果本ONT没有报文需要发送，那么也会为这个ONT继续保留Fixed固定带宽。

(3) Assured保证带宽指的是在某个ONT配置了Assured保证带宽之后，如果这个ONT需要发送报文，那么所配置的Assured带宽一定可以被该ONT使用，不会被其他ONT抢走；如果某个ONT配置了Assured带宽，但是该ONT又不使用，那么这部分的带宽会被分给其他ONT共享。

(4) 每个ONT可以在配置了独享带宽之后，再配置一个共享带宽(Non Assured和Best-Effort)，在这种配置下，如果某个ONT突发需要一个大的带宽，而其他ONT

暂没有大带宽发送的时候，那么该 ONT 可以把其他 ONT 不用的带宽拿过来使用。采用这种配置，某个 ONT 在某个时刻可以支持千兆以上的带宽，从统计复用的角度看，各个 ONT 都有能力达到千兆的带宽。例如，当前的上网业务，也只是在打开网页的瞬间下载流量会比较大，这时需要一个高带宽用于网页信息的下载。客户在浏览网页的时候，基本不需要下载流量，此时，这部分的流量就可以给其他客户使用。

带宽分配可以按照 ONT 为单位（也支持按照更细粒度的 T-CONT 为单位）进行分配，分配过程分四轮。按带宽类型的优先级对总带宽进行分配，每轮对于含特定带宽的 ONT（或者更细粒度的 T-CONT）进行遍历计算。如图 3-6 所示，DBA 带宽的分配顺序如下。

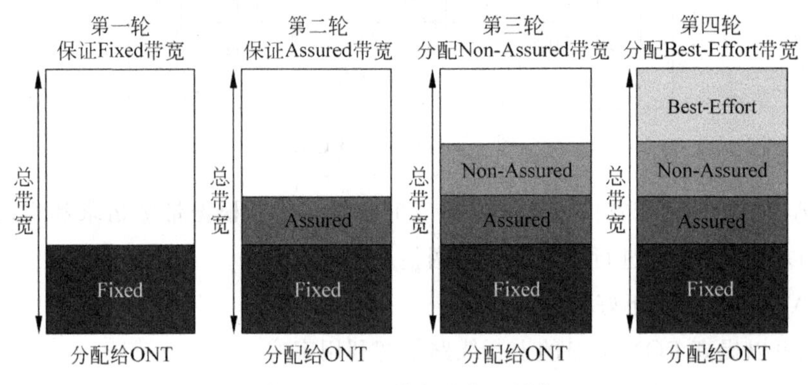

图 3-6　DBA 带宽的分配顺序

(1) 第一轮保证 Fixed 带宽：无论 ONT 实际上行需求是多少，都按静态配置的值进行分配。

(2) 第二轮保证 Assured 带宽：根据 ONT 实际上行需求进行分配，最大值为静态配置的 Assured 大小。

(3) 第三轮分配 Non-Assured 带宽：当前两轮分配后有剩余时，对 Non-Assured 带宽有需求的 ONT 按策略进行分配。

(4) 第四轮分配 Best-Effort 带宽：当前 3 轮分配后有剩余时，对 Best-Effort 带宽有需求的 ONT 均分剩余带宽。

3.1.4　PON 多 ONT 处理技术

1. 测距

由于 PON 技术属于无源汇聚技术，所以在上行方向需要确保各个不同物理距离下的ONT所发送的数据能按顺序到达OLT，不能由于光纤传输时延导致不同ONT发送的数据报文到达OLT后产生冲突。

对OLT而言，各个不同的ONT到OLT的物理距离不相等，光信号在光纤上的传输时间不同，到达各ONT的时刻不同。此外，OLT与ONT的RTD(Round Trip Delay，环路时延)也会随着时间和环境的变化而变化。因此在ONT以TDMA方式(也就是在同一时刻，OLT一个PON口下的所有ONT中只有一个ONT在发送数据)发送上行信元时可能会出现碰撞冲突，为了保证每一个ONT的上行数据在光纤汇合后，插入指定的时隙，彼此间不发生碰撞，且不要间隙太大，OLT必须对每一个ONT与OLT之间的距离进行精确测定，以便控制每个ONT发送上行数据的时刻。

测距的过程：

(1) OLT在ONT第一次注册时就会启动测距功能，获取ONT的往返延时RTD，计算出每个ONT的物理距离。

(2) 根据ONT的物理距离指定合适的均衡延时参数(Equalization Delay，EqD)。

OLT在测距的过程需要开窗，即Quiet Zone，暂停其他ONT的上行发送通道。OLT开窗通过将BWmap设置为空，不授权任何时隙来实现。

通过RTD和EqD，使得各个ONT发送的数据帧同步，保证每个ONT发送数据时不会在分光器上产生冲突。相当于所有ONT都在同一逻辑距离上，在对应的时隙发送数据即可，从而避免上行信元发生碰撞冲突。

2. 突发光电技术

PON上行方向采用时分复用的方式工作，每个ONT必须在许可的时隙才能发送数据，在不属于自己的时隙必须瞬间关闭光模块的发送信号，才不会影响其他ONT的正常工作。

如图3-7所示，ONT侧需要支持突发发送功能，ONT的激光器应能快速地打开和关闭，防止本ONT的发送信号干扰到其他的ONT。测距保证不同ONT发送的信元在OLT端互不冲突，但测距精度有限，一般为±1b，不同ONT发送的信元之间会有几burst的防护时间(但不是比特的整数倍)，如果ONT侧的光模块不具备突发发送功能，则会导致发送信号出现叠加，信号会失真。

如图3-8所示，对于OLT侧，必须根据时隙对每个ONT的上行数据进行突发接收，因此，为了保证PON系统的正常工作，OLT侧的光模块必须支持突发接收功能。

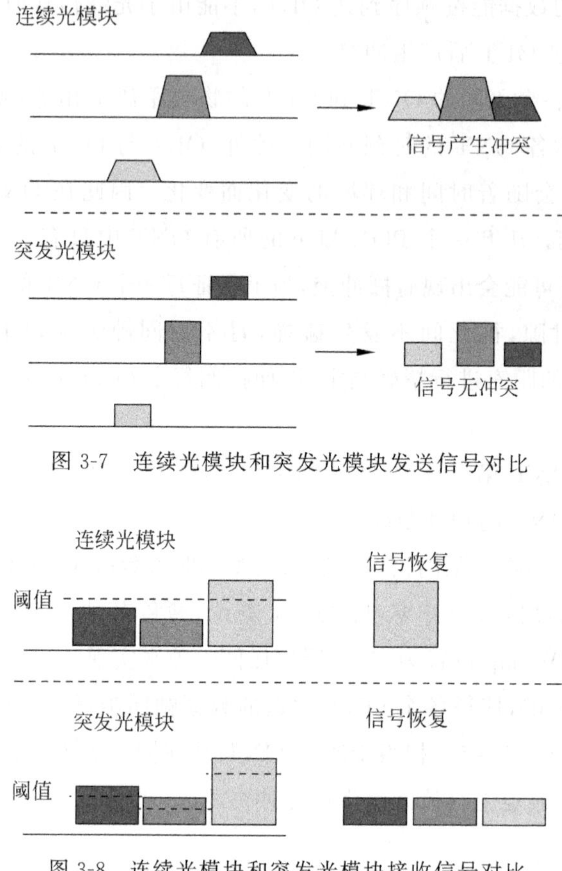

图 3-7　连续光模块和突发光模块发送信号对比

图 3-8　连续光模块和突发光模块接收信号对比

(1) 由于每个 ONT 到 OLT 的距离不同，所以光信号衰减对于每个 ONT 都是不同的，这可能导致 OLT 在不同时隙接收到的报文的功率电平是不同的。

(2) 如果 OLT 侧的光模块不具备光功率突变的快速处理能力，则会导致距离较远、光功率衰减较大的 ONT 光信号到达 OLT 的时候，由于光功率电平小于阈值而恢复出错误的信号(高于阈值电平才认为有效，低于阈值电平则无法正确恢复)。动态调整阈值功能可以在 OLT 按照接收光信号的强弱动态调整收光功率的阈值以保证所有 ONT 的信号可以完整恢复。

GPON 下行是按照广播的方式将所有数据发送到 ONT 侧，因此，要求 OLT 侧的光模块必须连续发光，ONT 侧的光模块也工作在连续接收方式，所以在 GPON 下行方向，OLT 光模块无须具有突发发送功能，ONT 光模块无须具有突发接收功能。

3.1.5 PON 安全保障技术

1. 传输介质安全

PON 和 XG(S)-PON 采用光纤作为传输介质，需要采用支持光接口的设备才能对接，相比以太网电接口而言更安全。

光纤和传统的以太网线缆相比，天然具有防电磁干扰的能力，在恶劣环境的可靠性会更好。

2. 帧结构复杂保证数据传输安全

如图 3-9 所示，PON 系统光纤中采用 PON 帧格式进行传输，而不是通用的以太网报文格式，采用通用的以太网抓包工具无法进行抓包分析，只能通过专业的昂贵的 PON 协议分析仪，才有可能进行抓包分析，保证了数据传输的安全性。

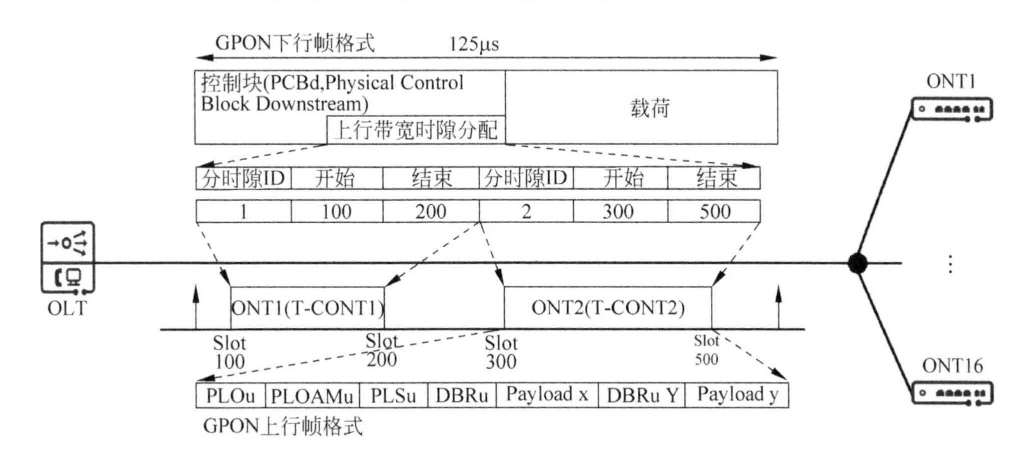

图 3-9　PON 上下行帧传输原理

3. ONT 内部处理安全

PON 系统中下行数据采用广播的方式发送到所有的 ONT 上，通常情况下，每个 ONT 只处理发给自己的报文，丢弃非发给自己的报文。具体的处理过程如图 3-10 所示，非自己的 PON 报文在转换为以太网报文前被丢弃。

(1) ONT 上的 PON 协议处理模块，判断该 PON 格式的帧是不是发送给本 ONT，如果不是发送给本 ONT，则直接丢弃，以太网处理模块对该 GPON 帧不可见。

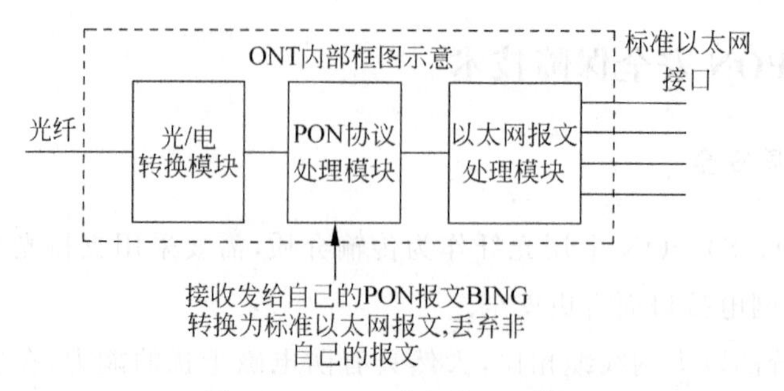

图 3-10　ONT 内部处理机制

如果是发给本 ONT 的,则转换为以太网报文送到以太网报文处理模块。

(2) ONT 的每个以太网端口,只会看到该用户相关的报文,ONT 类似以前的接入交换机。

(3) ONT 的多个以太网端口之间默认是互相隔离的,相互之间不能访问;但也可以通过下发命令的方式支持多个以太网端口之间的互通。

4. 多 ONT 互相隔离安全

如图 3-11 所示,在 GPON 和对称 10G GPON 系统中,ONT 的上行信息是互相隔离的。

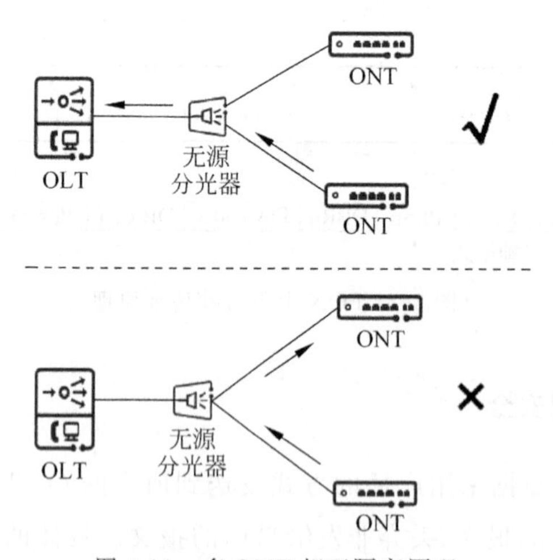

图 3-11　多 ONT 相互隔离原理

(1) 受限于光的直射性(光只能直线传输),所以每个 ONT 发送的光信号只能发送给 OLT 设备,无法反射到其他 ONT。

(2) 所以 ONT 在上行方向是互相隔离的,无法接收到其他 ONT 发送的信息。

5. 数据加密技术

PON 技术在正常情况下可以通过上述方式保证安全,但是因为 PON 下行传输采用的是广播方式,ONT 可以接收到其他 ONT 的下行数据,也存在一些不安全的因素,所以需要针对每个 ONT 进行数据加密操作。采用加密操作,既可以保证在光纤线路上无法被侦听识别,也可以实现多个 ONT 之间的互相隔离。

PON 系统采用线路加密技术解决这一安全问题。PON 系统采用加密算法将明文传输的数据报文进行加密,以密文的方式进行传输,提高安全性。

如图 3-12 所示,OLT 和 ONT 之间采用密钥进行加密后在光纤中传输。

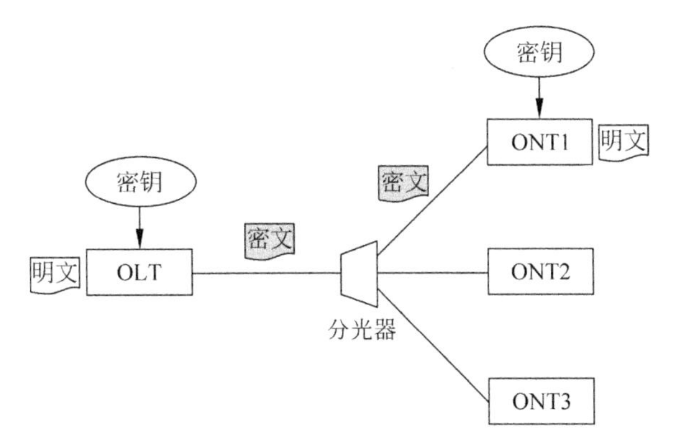

图 3-12　线路加密原理

(1) OLT 侧：OLT 将从上行以太网接口收到的以太网报文采用密钥加密之后,转换为 PON 协议帧,通过 PON 下行的光纤送往 ONT。

(2) ONT 侧：ONT 将从光纤中收到的 OLT 加密后的 PON 帧,采用同样的密钥解密并转换为以太网报文之后,从 ONT 的以太网接口发送到终端设备上。

PON 系统使用的密钥使用定期更新机制,以提高安全性。

GPON 和对称 10G GPON 的 OLT 和 ONT 之间采用 AES128 进行加密。密钥是由 ONT 生成,发给 OLT(避免了由 OLT 生成密钥,广播给 ONT,其他的 ONT 也会收到该密钥的风险),每个 ONT 加密的密钥会定期更新,减少密钥被捕获破解的可能性。

GPON 和对称 10G GPON 系统定期地进行 AES 密钥的交换和更新,提高了传输数据的可靠性。

(1) OLT 发起密钥更换请求,ONT 响应并将生成的新的密钥发给 OLT。

(2) OLT 收到新的密钥后,进行密钥切换,使用新的密钥对数据进行加密。

(3) OLT 将使用新密钥的帧号通过相关的命令通知 ONT。

(4) ONT 收到使用新密钥的帧号后,在相应的数据帧上切换校验密钥。

多个 ONT 之间的加密处理如图 3-13 所示。

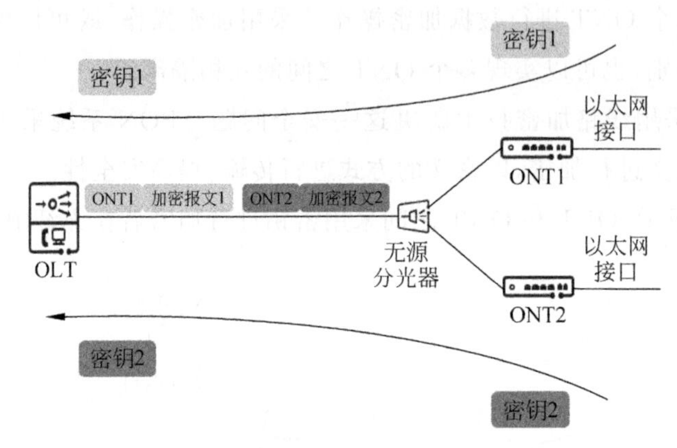

图 3-13　多个 ONT 之间的加密处理

6. ONT 认证技术

PON 系统的 P2MP 架构下行数据采用广播方式发送到所有的 ONT 上,这样会给非法接入的 ONT 提供接收数据报文的机会。

为了解决这个问题,如图 3-14 所示,PON 系统通过 ONT 认证确保接入的 ONT 的合法性,OLT 基于上报的认证信息(比如序列号 SN、密码 Password)对 ONT 合法性

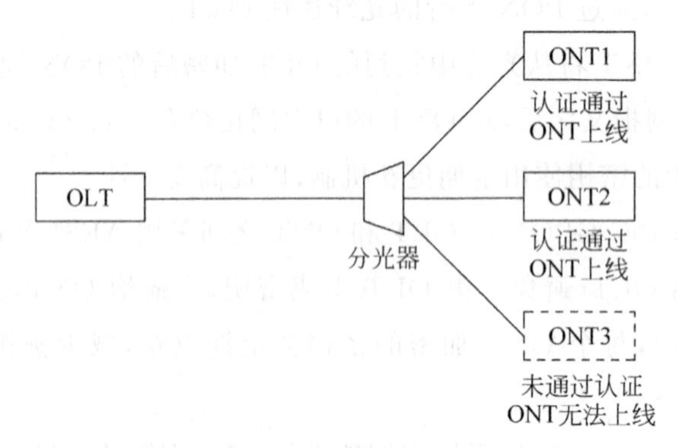

图 3-14　ONT 认证机制

进行校验，只有通过认证的合法ONT才能接入PON系统，ONT经认证上线后才可以传输数据。即ONT上线后，向OLT发起认证请求，认证成功后ONT才能上线，只有ONT上线才能够被OLT管理和配置业务。

3.1.6　PON技术演进

随着大带宽业务的推出，GPON存在带宽不足，不能满足最终用户需要的情况，也需要开发下一代的PON技术，以提升PON线路上的带宽。

GPON的下一代增强技术是XG(S)-PON，又称10G GPON，包括XG-PON(10-Gigab-capable asymmetric PON，非对称10G PON)和XGS-PON(10-Gigab-capable symmetric PON，对称10G PON)两种技术。

(1) XG-PON：下行线路速率为9.953Gb/s；上行线路速率为2.488Gb/s。

(2) XGS-PON：下行线路速率为9.953Gb/s；上行线路速率为9.953Gb/s。

1. 演进思路

10G GPON支持XG-PON ONT、XGS-PON ONT和GPON ONT在同一个ODN下共存，支持不同种类的ONT平滑演进。

如图3-15所示，XGS-PON和GPON的上下行方向都是通过波分共存。

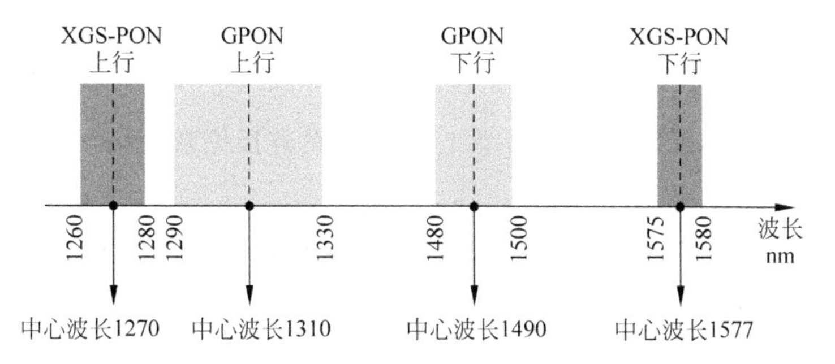

图3-15　GPON和XGS-PON技术波长分布

(1) XG-PON和XGS-PON的下行方向都是10Gb/s，下行方向采用1577nm波长窗口(使用1575～1580nm波长)，与GPON的下行1490nm波长窗口(使用1480～1500nm波长)不冲突，通过波分方式共存。

(2) XG-PON ONT的上行是2.5Gb/s，XGS-PON ONT的上行是10Gb/s，两者都是采用1270nm波长窗口(使用1260～1280nm波长)，和GPON的1310nm波长窗

口(使用 1290～1330nm 波长)波分共存。

(3) XG-PON 的 ONT 和 XGS-PON ONT 采用相同的波长窗口,采用时分共存,不同的 ONT 占用不同的时隙发送报文。

2. 演进方案

GPON 演进到 10G GPON,可采用 PON Combo 演进方案。

如图 3-16 所示,在 OLT 侧插入一块 XGS-PON 合一单板(XGS-PON Combo 板,包括 PON Combo 光模块),XGS-PON Combo 端口同时支持 XGS-PON 和 GPON,当需要 GPON 升级为 XGS-PON 的时候,只需要将 GPON ONT 更换为 XGS-PON ONT 即可完成演进。GPON ONT、XG-PON ONT 和 XGS-PON ONT 在同一个 ODN 下共存。

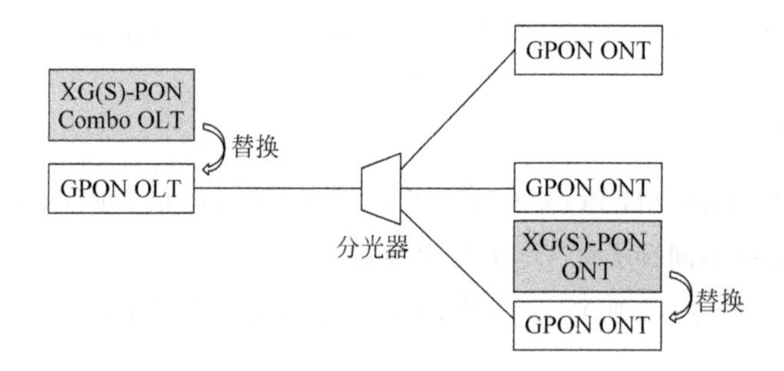

图 3-16 PON Combo 演进方案

GPON 演进到 XGS-PON,不需要变更 ODN 的连接关系,也就是说,ODN 网络可以继续使用。

XGS-PON 和 GPON 支持共存,复用相同的 ODN 网络,由于 XGS-PON 和 GPON 之间采用的波分共存技术,所以 GPON 和 XGS-PON 之间互相隔离,不会互相影响。

3.1.7 PON 技术标准

PON 标准制式主要分为两大类,分别对应两个标准组织:国际电信联盟-电信标准部 ITU-T(International Telecommunications Union-Telecommunication Standardization Sector)和电气电子工程师协会 IEEE(Institute of Electrical and Electronics Engineers),ITU-T 和 IEEE 分别定义了一套 PON 的标准并进行演进。

在 ITU 和 IEEE 两个标准组织之间,存在着一定的协同,例如,在 PON 的物理层上尽量共用波长和速率等，共享 PON 产业链。

ITU-T 制定的 GPON、10G GPON 等标准和技术，是业界的主流 PON 技术。

当前世界上使用绝大部分 PON 接入都是基于 ITU-T 标准体系制定的 GPON、10G GPON 标准和技术。

家庭网络采用的是 GPON 和 10G GPON 系列标准。

ITU-T 在原来的 APON、BPON 的基础上进行了技术增强，定义了 GPON 技术，并在市场和应用上取得了巨大成功。

在 ITU 组织中，除了工程师之外，还有很多运营商也作为客户和需求提出者加入，大家都非常关注现网已有业务或者将来可能使用的业务在 GPON 上的支持情况，所以在制定 GPON 的标准过程中，除了关注以太网业务在 PON 上的传输，也关注以前的语音、E1 专线等各种业务在 PON 上的承载，包括关注后续的视频业务传输，所以对 PON 上承载业务的 QoS 保证等提出较高的要求，GPON 标准也更适用于支持多业务承载。

GPON 是目前全球主流的 PON 网络建设技术。

ITU-T 定义的 GPON 标准如下：

(1) ITU-T G. 984. 1　Gigabit-capable Passive Optical Networks (G-PON): General characteristics，主要讲述 GPON 技术的基本特性和主要的保护方式。

(2) ITU-T G. 984. 2　Gigabit-capable Passive Optical Networks (G-PON): Physical Media Dependent (PMD) layer specification，主要讲述了 GPON 的物理层参数，如光模块的各种物理参数，包括发送光功率、接收灵敏度、过载光功率等。同时定义了不同等级的光功率预算。

(3) ITU-T G. 984. 3　Gigabit-capable Passive Optical Networks (G-PON): Transmission convergence layer specification，主要讲述了 GPON 的 TC 层协议，包括上下行的帧结构及 GPON 的工作原理。

(4) ITU-T G. 984. 4　Gigabit-capable Passive Optical Networks (G-PON): ONT management and control interface specification，主要讲述 GPON 的管理维护协议，包括 OAM、PLOAM 和 OMCI 协议。

(5) ITU-T G. 988　ONT management and control interface(OMCI) specification，主要讲述 OMCI 管理协议。

ITU-T 定义的 10G GPON 标准如下：

(1) ITU-T G. 987. 1 10-Gigab-capable passive optical networks(XG-PON): General requirements,主要讲述非对称的10G GPON技术的基本要求。

(2) ITU-T G. 987. 2 10-Gigab-capable passive optical networks(XG-PON): Physical media dependent (PMD) layer specification,主要讲述了非对称10G GPON的物理层参数,如光模块的各种物理参数,包括发送光功率、接收灵敏度、过载光功率等。同时定义了不同等级的光功率预算。

(3) ITU-T G. 987. 3 10-Gigab-capable passive optical networks(XG-PON): Transmission convergence layer(TC) specification,主要讲述了非对称10G GPON的TC层协议,包括上下行的帧结构及工作原理。

(4) ITU-T G. 9807. 1 10-Gigab-capable symmetric passive optical network (XGS-PON),主要讲述了对称的10G GPON技术的要求。

ITU-T定义的40G GPON标准如下:

(1) ITU-T G. 989. 1 40-Gigab-capable passive optical networks(NG-PON2): General requirements,主要讲述了40G GPON技术的要求。

(2) ITU-T G. 989. 2 40-Gigab-capable passive optical networks 2(NG-PON2): Physical media dependent(PMD) layer specification,主要讲述了40G GPON的物理层参数,如光模块的各种物理参数,包括发送光功率、接收灵敏度、过载光功率等。

ITU-T定义的50G GPON标准已经发布,相信不久的将来就会有更多应用。

3.2 WiFi基础技术

WiFi是一种基于IEEE 802. 11标准的无线局域网(Wireless Local Area Network,WLAN)技术。

3.2.1 WiFi系统介绍

如图3-17所示,WiFi系统包括工作站、接入热点、无线介质以及分布式系统。

(1) 工作站:指带WiFi功能的笔记本电脑、平板电脑、智能手机等。

(2) 接入热点(Access Point,AP):指带WiFi功能的ONT、CPE、CM、路由器等。

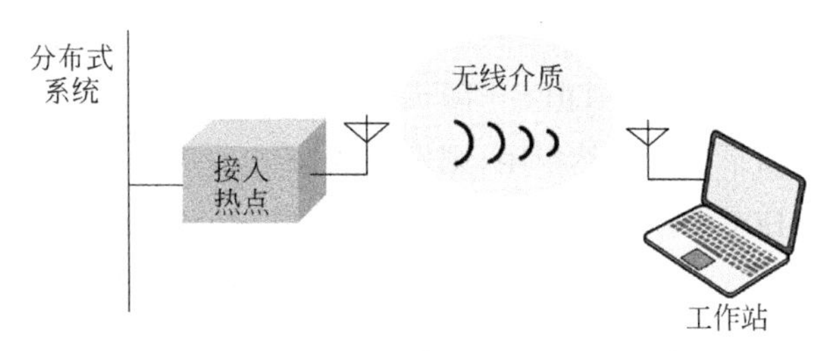

图3-17　WiFi系统组成

(3) 无线介质：采用射频和天线，通过空气传播信号。

(4) 分布式系统：由工作站、接入热点、无线介质组成的系统。

AP提供无线接入服务时，需要配置服务集标识符(Service Set IDentifier，SSID)，STA打开WiFi时，扫描到的WiFi热点名称，就是SSID。

一个物理AP可以配置多个SSID，相当于有多个虚拟AP(VAP)，STA打开WiFi时，可以扫描到多个热点。多个VAP只是用于区分业务，并没有增加空口资源。

3.2.2　WiFi数据传输机制

AP和STA发送数据时，需要错开时间，否则会相互干扰，对方收不到数据。为了成功发送数据，WiFi有3种协调机制。

(1) DCF：分布式协调功能(Distributed Coordination Function)，AP和STA通过载波侦听多路访问、碰撞避免机制发送数据。

(2) PCF：点协调功能(Point Coordination Function)，由AP统一协调每个设备发送数据的时间。

(3) HCF：混合协调功能(Hybrid Coordination Function)，混合使用DCF和PCF方式。

空口中可能有多个AP，PCF的效率不高，实际广泛应用的是DCF方式。

通过DCF方式发送数据的过程如图3-18所示。

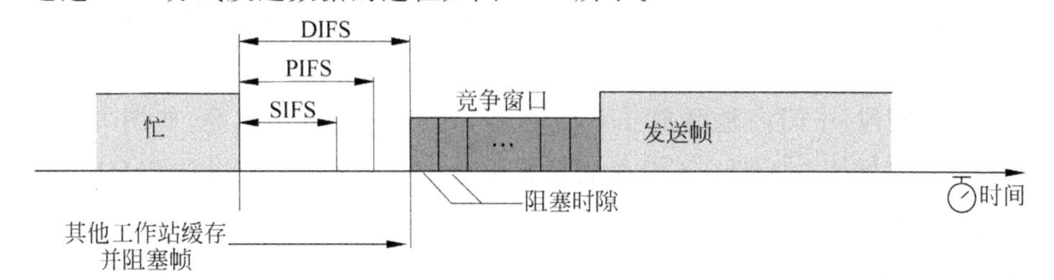

图3-18　WiFi网络的DCF发送数据的过程

(1) 首先检测空口是否繁忙。

(2) 如果空口空闲,则等待 DIFS+随机时间。

(3) 等待之后,如果空口仍然空闲,则发送数据。

在图 3-18 中,SIFS(Short InterFrame Space)是一个连续过程的间隔,PIFS(PCF InterFrame Space)用于 PCF,DIFS(DCF InterFrame Space)用于 DCF 方式。

如果多个设备的随机时间刚好相同,那么仍然会存在冲突,需要重新等待发送机会重发数据。为了确保对方能够收到数据,发送数据时需要对方确认。帧和 ACK 是一个连续的过程,发送 ACK 时不需要检测空口,如图 3-19 所示。

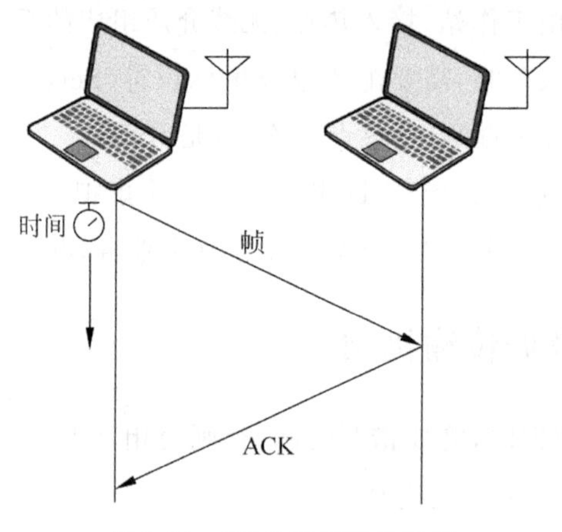

图 3-19 WiFi 数据传输机制

3.2.3 工作信道和工作频宽

WiFi 设备通过无线电波发送数据时,需要工作在一定的频率范围,这个频率范围称为信道。由 AP 选择工作信道,STA 跟随 AP 的工作信道。工作在不同信道的 WiFi 设备,可以同时发送数据。工作在相同信道的 WiFi 设备,不能同时发送数据。WiFi 工作的频率范围大小可以不同,称为工作频宽,包括 20MHz、40MHz、80MHz、160MHz 频宽。

2.4GHz 频段,中国内地开放 1~13 信道,这些信道相互重叠,如图 3-20 所示。802.11b/g/n 频宽为 22MHz,不重叠的只有 1、6、11 3 个信道。采用 40MHz 频宽时,不重叠的信道只有 1 个。

在 5GHz 频段,中国内地开放 36~64 信道以及 149~165 信道,其中 52~64 信道需要支持 DFS/TPC,进行雷达检测和功率控制,如图 3-21 所示。与 2.4GHz 频段

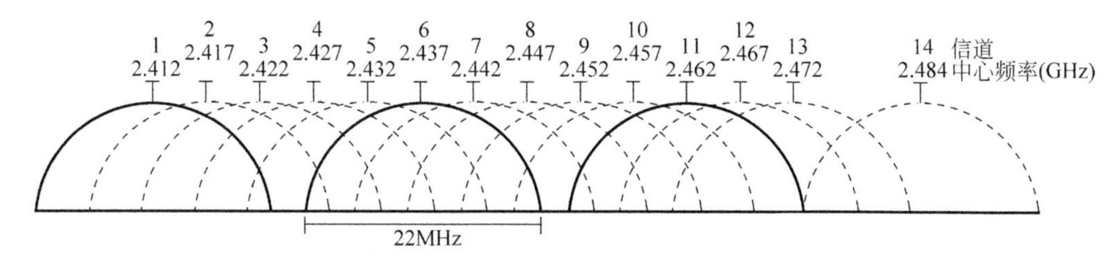

图 3-20　WiFi 2.4GHz 频段的信道

不同，5GHz 频段的 40MHz、80MHz、160MHz 频宽的信道由标准定义，不能随意组合。

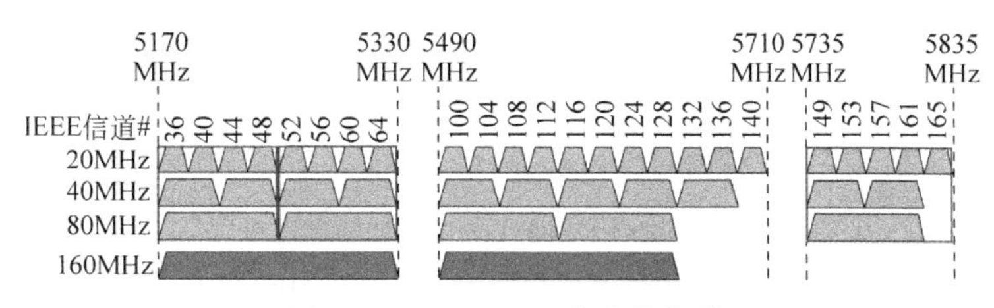

图 3-21　WiFi 5GHz 频段的信道

3.2.4　WiFi 速率

1. 物理速率

IEEE 802.11 定义了多种物理层标准，不同标准可以支持不同的物理速率。

1）IEEE 802.11b

IEEE 802.11b 工作在 2.4GHz 频段，支持的物理速率如下：1Mb/s、2Mb/s、5.5Mb/s、11Mb/s。

2）IEEE 802.11g 和 IEEE 802.11a

IEEE 802.11g 工作在 2.4GHz 频段，IEEE 802.11a 工作在 5GHz 频段，支持的物理速率如表 3-1 所示。

表 3-1　IEEE 802.11g 和 IEEE 802.11a 支持的物理速率

调制方式	编码率	物理速率/(Mb/s)
BPSK	1/2	6.0
BPSK	3/4	9.0
QPSK	1/2	12.0
QPSK	3/4	18.0

续表

调制方式	编码率	物理速率/(Mb/s)
16-QAM	1/2	24.0
16-QAM	3/4	36.0
64-QAM	2/3	48.0
64-QAM	3/4	54.0

WiFi设备需要根据空口情况动态调整调制方式和编码率，工作在不同的空口速率。

3) IEEE 802.11n

IEEE 802.11n工作在2.4GHz频段或5GHz频段。支持MIMO，多空间流的物理速率在单空间流的物理速率基础上乘以空间流个数。支持40MHz频宽。支持的物理速率如表3-2所示。

表3-2 IEEE 802.11n支持的物理速率

MCS索引	空间流个数/MIMO	调制方式	码率	20MHz空口速率/(Mb/s)	40MHz空口速率/(Mb/s)
0	1	BPSK	1/2	7.2	15.0
1	1	QPSK	1/2	14.4	30.0
2	1	QPSK	3/4	21.7	45.0
3	1	16-QAM	1/2	28.9	60.0
4	1	16-QAM	3/4	43.3	90.0
5	1	64-QAM	2/3	57.8	120.0
6	1	64-QAM	3/4	65.0	135.0
7	1	64-QAM	5/6	72.2	150.0
…					
15	2	64-QAM	5/6	144.4	300.0
…					
23	3	64-QAM	5/6	216.7	450.0
…					
31	4	64-QAM	5/6	288.9	600.0

空间流个数取决于AP和STA共同的能力，如果STA支持的空间流个数较少，则无法达到较高的速率。2.4GHz频段的信道比较少，往往无法工作在40MHz频宽。应用比较广泛的IEEE 802.11n设备，一般支持2条空间流，20MHz频宽下可以达到144.4Mb/s物理速率。

4）IEEE 802.11ac

IEEE 802.11ac 工作在2.4GHz 频段或5GHz 频段。在IEEE 802.11n 的基础上，提高调制方式，支持更多的空间流个数，更大的频宽。支持的物理速率如表3-3所示。

表3-3 IEEE 802.11ac 支持的物理速率

MCS	空间流个数/MIMO	调制方式	码率	20MHz 空口速率/(Mb/s)	40MHz 空口速率/(Mb/s)	80MHz 空口速率/(Mb/s)	160MHz 空口速率/(Mb/s)
0	1	BPSK	1/2	7.2	15.0	32.5	65.0
…							
7	1	64-QAM	5/6	72.2	150.0	325.0	650.0
8	1	256-QAM	3/4	86.7	180.0	390.0	780.0
9	1	256-QAM	5/6	—	200.0	433.3	866.7
…							
9	2	256-QAM	5/6	—	400.0	866.7	1733.3
…							
9	3	256-QAM	5/6	—	600.0	1300.0	2600.0
…							
9	4	256-QAM	5/6	—	800.0	1733.3	3466.7
…							
9	8	256-QAM	5/6	—	1600.0	3466.7	6933.4

应用比较广泛的IEEE 802.11ac 设备，支持80MHz 频宽，2条空间流可以达到866.7Mb/s 物理速率，3条空间流可以达到1300Mb/s 物理速率，4条空间流可以达到1733.3Mb/s 物理速率。

5）IEEE 802.11ax

IEEE 802.11ax 工作在2.4GHz 频段或5GHz 频段，在IEEE 802.11ac 的基础上，进一步提高调制方式，改善编码方式。支持的物理速率如表3-4所示。

表3-4 IEEE 802.11ax 支持的物理速率

MCS	空间流个数/MIMO	调制方式	码率	20MHz 空口速率/(Mb/s)	40MHz 空口速率/(Mb/s)	80MHz 空口速率/(Mb/s)
0	1	BPSK	1/2	8.6	17.2	36.0
…						
9	1	256-QAM	5/6	114.7	229.4	480.4
10	1	1024-QAM	3/4	129.0	258.1	540.4
11	1	1024-QAM	5/6	143.4	286.8	600.5

续表

MCS	空间流个数/MIMO	调制方式	码率	20MHz 空口速率/(Mb/s)	40MHz 空口速率/(Mb/s)	80MHz 空口速率/(Mb/s)
…						
11	2	1024-QAM	5/6	286.8	573.5	1201.0
…						
11	3	1024-QAM	5/6	430.1	860.3	1801.5
…						
11	4	1024-QAM	5/6	573.5	1147.1	2401.9
…						
11	8	1024-QAM	5/6	1147.1	2294.2	4803.9

主流 IEEE 802.11ax 设备支持 2 条空间流，160MHz 频宽，物理速率达到 2401.9Mb/s。如果支持 4 条空间流，160MHz 频宽，或 8 条空间流，80MHz 频宽，物理速率可以达到 4803.9Mb/s。

2. 承载速率

WiFi 实际承载以太网报文的速率，和物理速率有很大区别，原因如下：

(1) IEEE 802.11 帧头部开销大。

(2) 空口冲突避免机制需要消耗时间。

(3) ACK 帧需要消耗时间。

(4) 管理帧需要消耗时间。

(5) 其他无线设备消耗时间。

(6) 由于障碍物、空间衰减，达不到最大的物理速率。

(7) STA 空间流个数较少，或不支持最近的技术标准，或没有工作在最大频宽。

评估空口承载速率时，需要确认当前工作的技术标准、频宽、空间流个数、信号强度、干扰情况等因素。排除这些因素以后，一般可以达到的承载速率如表 3-5 所示。

表 3-5　WiFi 各空口类型的实际感知速率

空口类型	工作频宽/(Mb/s)	空口速率/(Mb/s)	理想测试速率/(Mb/s)	实际感知速率/(Mb/s)
2×2 802.11n	20	144	80～95	60～75
3×3 802.11n	20	216	110～130	80～100
2×2 802.11ac	80	866	500～530	370～420
3×3 802.11ac	80	1300	650～750	580～650

续表

空口类型	工作频宽/(Mb/s)	空口速率/(Mb/s)	理想测试速率/(Mb/s)	实际感知速率/(Mb/s)
2×2 802.11ax	80	1200	900～960	700～750
4×4 802.11ax	80	2400	1800～1920	1400～1500
2×2 802.11ax	160	2400	1800～1920	1400～1500
4×4 802.11ax	160	4800	3600～3840	2800～3000

3.2.5　WMM(WiFi 多媒体标准)

通过 WiFi 承载视频,语音业务时,可以通过 WMM 机制,避免数据业务影响视频或语音业务的质量。前面说到,发送数据之前,需要等待"DIFS＋随机时间",支持 WMM 以后,DIFS 改为 AIFS。WMM 定义了 VO、VI、BE、BK 4 种业务类型,不同业务类型的 AIFS 不同,随机时间的窗口不同,通过 AIFS 和随机窗口的差异,确保语音和视频业务更容易获得发送机会。WMM 原理图如图 3-22 所示。

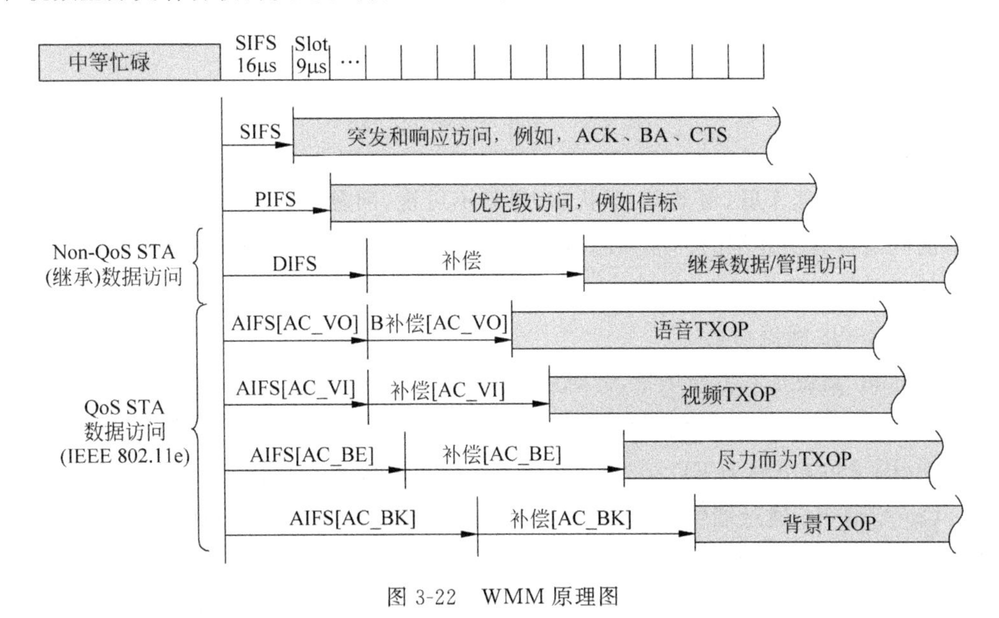

图 3-22　WMM 原理图

语音和视频报文需要在 IP 头或 VLAN tag 中填写正确的优先级,确保能够映射到 VO 或 VI 队列。以 VLAN tag 优先级为例,6 和 7 对应 VO,4 和 5 对应 VI,3 和 0 对应 BE,2 和 1 对应 BK。

3.2.6 WiFi 测试标准 TR-398

在 2019 年世界移动大会上，BBF（Broadband Forum）携手华为、瑞士电信（Swisscom）、土耳其移动（Turkcell）、UNH 等产业伙伴发布业界首个 WiFi 性能测试标准——《TR-398 WiFi 室内性能测试标准》。

该标准系统规范了一整套 WiFi 性能测试的范围、条件、测试用例及标准阈值，第一次完整地阐述了 WiFi 的测试标准，为用户 WiFi 体验提供了一把刻度精确的测量标尺，帮助电信运营商更高效地测试室内家庭网关的 WiFi 性能，如图 3-23 所示。

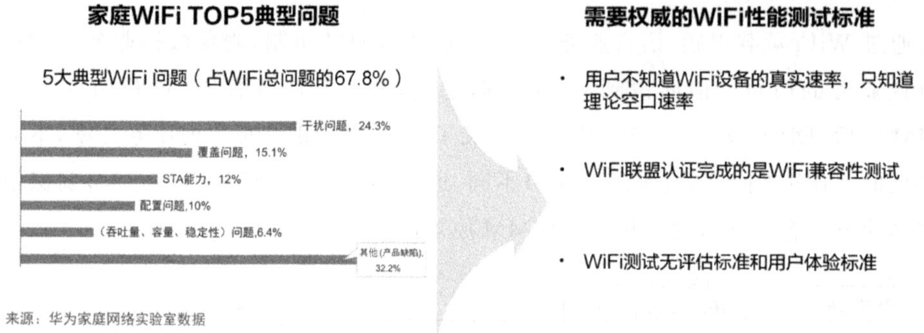

图 3-23　为什么需要 TR-398

针对 WiFi 速率低，覆盖差，干扰多，质量不可视，问题难定位、难解决等影响 WiFi 体验的问题都有了详细的标准和测试规则，帮助运营商发展家庭网络和视频业务，把更好的宽带体验带入每个家庭。

1）TR-398 涵盖场景

TR-398 涵盖六大主要场景，针对用户体验和业务承载的关键要素进行评估量化。

（1）RF 性能：接收弱信号的能力，如 64-QAM IEEE 802.11an，其最小射频灵敏度＞38dB；256-QAM IEEE 802.11ac，其最小射频灵敏度＞21dB。

（2）广覆盖：通过墙壁和不同房间的性能为 IEEE 802.11ac，短距离＞560m；长距离＞100m；吞吐量变化＜40％。

（3）大带宽：最大吞吐量为 IEEE 802.11n 2×2＞100Mb/s；IEEE 802.11ac 2×2＞560Mb/s。

（4）多用户：支持 32 个 STA，至少 2Mb/s 吞吐量。

（5）抗干扰：各种干扰下的性能损失为同频＜60％；叠频＜60％；邻频＜5％。

（6）稳定性：24h 吞吐率偏差＜20％。

2）TR-398 测试环境

WiFi 性能测试环境容易受到外界因素和环境的影响，使用屏蔽房测试环境就是为了测试过程中减少这些外部因素带来的影响。

TR-398 测试环境主要是在实验室通过模拟无干扰的环境下，验证网关与一个及多个终端设备间性能测试，以验证设备在理想环境下的极限性能和真实家居场景中的实际表现，如图 3-24 所示。

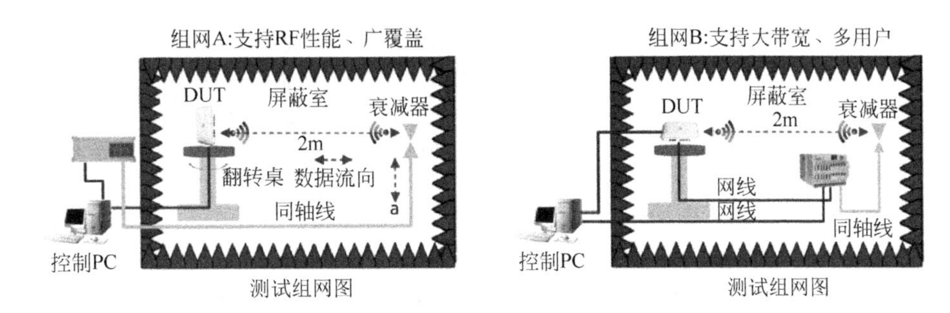

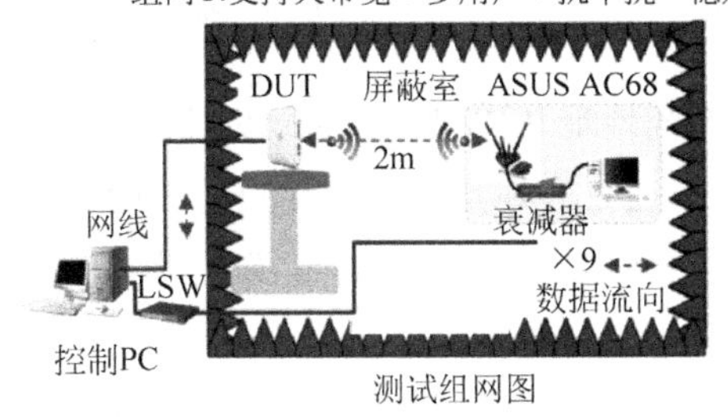

图 3-24　TR-398 TOP3 典型测试组网环境

TR-398 测试分类与测试项目如表 3-6 所示。

表 3-6　测试分类与测试项目

TR-398 测试类别	测 试 用 例	测 试 目 的	适用组网环境
RF 性能	接收灵敏度测试（可选测试）	测试网关接收和正确解调弱信号的能力	A
大带宽	最大链接数测试	验证网关最大接入数的能力，能否支持 32 个用户同时上线，且业务正常	B
	最大吞吐量测试	最大吞吐量测试目的是测量 DUT 的最大吞吐量性能 通过空口短距离连接测试（结合 WiFi 实际使用情况）	C

续表

TR-398 测试类别	测试用例	测试目的	适用组网环境
大带宽	空口公平测试	空口公平性测试旨在验证 WiFi 设备的能力	C
广覆盖	RVR 测试(拉锯测试)	RVR 测试:测试 WiFi 性能随距离(信号强度)的变化测试	A
	空间一致性测试	为了验证空间域内 WiFi 信号的一致性	A
多用户	多终端性能测试	多终端性能测试的目的是测量多个 STA 同时连接的 WiFi 设备的性能	C
	频繁上下线测试	测试在频繁变化连接状态的动态环境下测量 WiFi 设备的稳定性	B
	下行 MU -MIMO 性能测试(可选测试)	测试网关下行 MU-MIMO 的性能	C
稳定性/健壮性	长期稳定性测试	长期稳定性测试是为了测量在压力下 WiFi 设备的稳定性。长时间(24h)持续监控吞吐量、连接可用性	C
抗干扰	同频领频干扰测试	测试网关在干扰场景下的性能	C

TR-398 标准首次系统性地从 WiFi 的 RF 发射功率、吞吐量、覆盖、多用户、抗干扰、稳定性六大维度出发,通过客观量化最终用户的体验,定义了 WiFi 等效带宽(吞吐量)、不同距离下的速率和多用户在线的吞吐量等关键 KPI 指标,帮助电信运营商构建最佳视频体验的家庭网络。

虽然 TR-398 标准清晰明确,但普通用户在挑选 WiFi 网关时没有条件亲自测试,好在越来越多的机构已经认识到了 WiFi 用户体验的重要性,国内的测试机构百佳泰曾经发布了一份 WiFi 网关测试报告,其测试参考了 TR-398 的标准,给普通消费者提供了一把衡量 WiFi 质量的标尺。

3.3 WiFi 6 技术

随着视频会议、无线互动 VR、移动教学等业务应用越来越丰富,WiFi 接入终端越来越多以及 IoT 的发展,更多的移动终端接入了无线网络,家庭 WiFi 网络也随着众多智能家居设备的接入而变得拥挤。因此 WiFi 网络仍需不断提升速度,同时还要考虑是否能接入更多终端，适应不断扩大的客户端设备数量，满足不同应用的用户体验需求。

WiFi 6 是 IEEE 802.11ax 标准的简称，随着 WiFi 标准演进，WFA 为了便于 WiFi 用户和设备厂商轻松了解其设备连接或支持的 WiFi 型号，选择使用数字序号来对 WiFi 重新命名。IEEE 802.11ax 标准于 2019 年正式推出，致力于解决因更多终端的接入导致整个 WiFi 网络效率降低的问题，引入了包括上行 MU-MIMO、OFDMA 频分复用、1024-QAM 高阶编码等技术，从频谱资源利用、多用户接入等方面解决网络容量和传输效率问题，目标是在密集用户环境中将用户的平均吞吐量相比 WiFi 5 提高至少 4 倍、并发用户数提升 3 倍以上，因此，WiFi 6（IEEE 802.11ax）也被称为高效率无线标准 High efficiency WLAN（HEW）技术。

3.3.1　OFDMA 频分复用技术

IEEE 802.11ax 之前，数据传输采用的是 OFDM 模式，用户是通过不同时间片段区分出来的。在每一个时间片段，一个用户完整占据所有的子载波，并且发送一个完整的数据包，如图 3-25 所示。

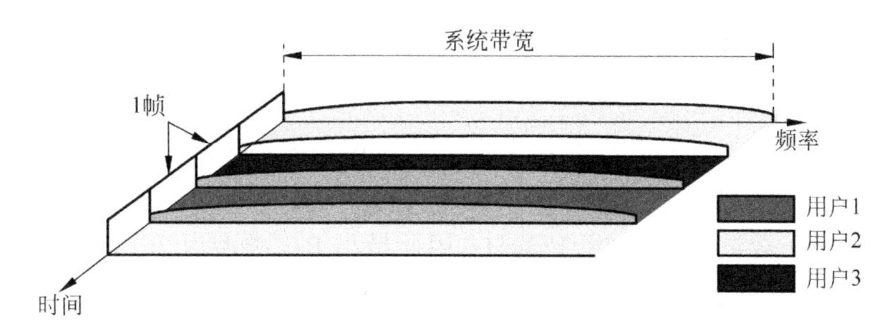

图 3-25　OFDM 模式

IEEE 802.11ax 中引入了一种更高效的数据传输模式，叫 OFDMA（因为 IEEE 802.11ax 支持上下行多用户模式，因此也可称为 MU-OFDMA），它通过将子载波分配给不同用户并在 OFDM 系统中添加多址的方法来实现多用户复用信道资源。迄今为止，它已被许多无线技术采用，例如 3GPP LTE。此外，IEEE 802.11ax 标准也仿效 LTE，将最小的子信道称为“资源单位”（Resource Unit，RU），每个 RU 中至少包含 26 个子载波，用户是根据时频资源块 RU 区分出来的。我们首先将整个信道的资源分成一个个小的固定大小的时频资源块 RU。在该模式下，用户的数据是承载在每一个 RU 上的，故从总的时频资源上来看，在每一个时间片上，有可能有多个用户同时发送，如图 3-26 所示。

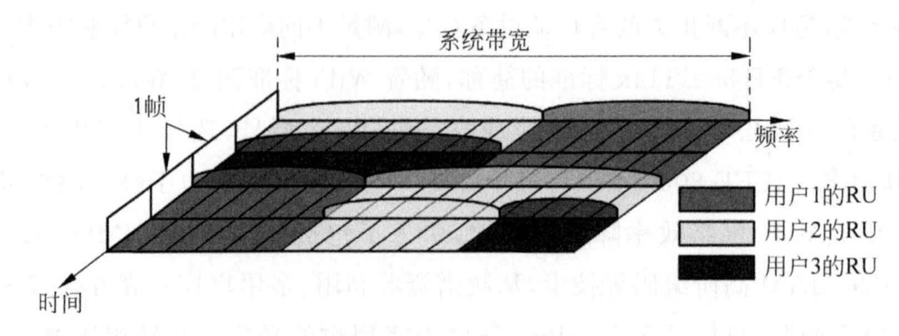

图 3-26　OFDMA 模式

OFDMA 相比 OFDM 有 3 点好处。

（1）更细的信道资源分配：特别是在部分节点信道状态不太好的情况下，可以根据信道质量分配发送功率，来更精准地分配信道时频资源。不同子载波频域上的信道质量差异较大，IEEE 802.11ax 可根据信道质量选择最优 RU 资源来进行数据传输。

（2）提供更好的 QoS：因为 IEEE 802.11ac 及之前的标准都是占据整个信道传输数据的，如果有一个 QoS 数据包需要发送，那么其一定要等之前的发送者释放完整个信道才行，所以会存在较长的时延。在 OFDMA 模式下，由于一个发送者只占据整个信道的部分资源，一次可以发送多个用户的数据，所以能够减少 QoS 节点接入的时延。

（3）更多的用户并发及更高的用户带宽：OFDMA 是通过将整个信道资源划分成多个子载波（也可称为子信道），子载波又按不同 RU 类型被分成若干组，每个用户可以占用一组或多组 RU 以满足不同带宽需求的业务。IEEE 802.11ax 中最小 RU 尺寸为 2MHz，最小子载波带宽是 78.125kHz，因此最小 RU 类型为 26 子载波 RU。以此类推，还有 52 子载波 RU、106 子载波 RU、242 子载波 RU、484 子载波 RU 和 996 子载波 RU，表 3-7 显示了不同信道带宽下的最大 RU 数。

表 3-7　不同频宽下的 RU 数量

RU 类型	CBW20	CBW40	CBW80	CBW160 and CBW80＋80
26 子载波 RU	9	18	37	74
52 子载波 RU	4	8	16	32
106 子载波 RU	2	4	8	16
242 子载波 RU	1-SU/MU-MIMO	2	4	8
484 子载波 RU	N/A	1-SU/MU-MIMO	2	4
996 子载波 RU	N/A	N/A	1-SU/MU-MIMO	2
2x996 子载波 RU	N/A	N/A	N/A	1-SU/MU-MIMO

RU 在 20MHz 中的位置示意图如图 3-27 所示。

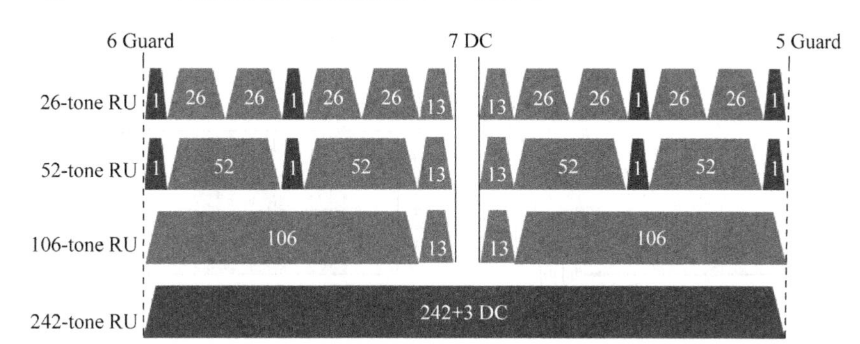

图 3-27　RU 在 20MHz 中的位置示意图

RU 数量越多，发送小包报文时多用户处理效率越高，吞吐量也越高，仿真收益如图 3-28 所示。

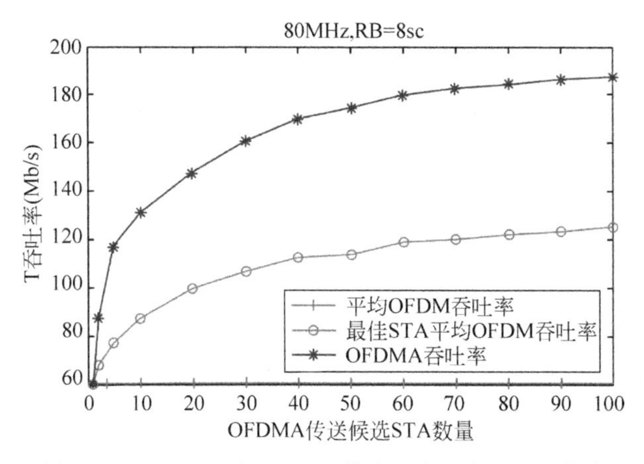

图 3-28　OFDMA 与 OFDM 模式下多用户吞吐量仿真

3.3.2　DL/UL MU-MIMO 技术

MU-MIMO 使用信道的空间分集在相同带宽上发送独立的数据流，与 OFDMA 不同，所有用户都使用全部带宽，从而带来多路复用增益。终端收天线数量受限于尺寸，一般来说只有 1 个或 2 个空间流（天线），比 AP 的空间流（天线）要少。因此，若在 AP 中引入 MU-MIMO 技术，则同一时刻可以实现 AP 与多个终端之间同时传输数据，大大提升了吞吐量。

SU-MIMO 与 MU-MIMO 吞吐量差异如图 3-29 所示。

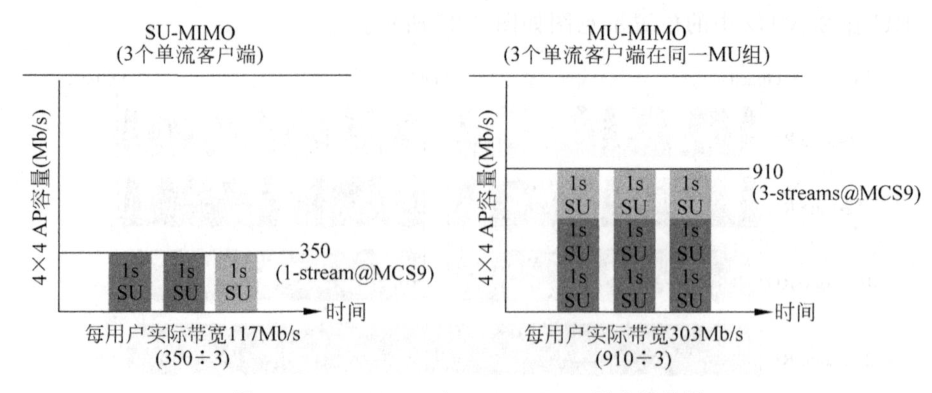

图 3-29　SU-MIMO 与 MU-MIMO 吞吐量差异

1. DL MU-MIMO 技术

MU-MIMO 在 IEEE 802.11ac 中就已经引入，但只支持 DL 4×4 MU-MIMO（下行）。在 IEEE 802.11ax 中进一步增加了 MU-MIMO 数量，可支持 DL 8×8 MU-MIMO，借助 DL OFDMA 技术（下行），可同时进行 MU-MIMO 传输和分配不同 RU 进行多用户多址传输，既增加了系统并发接入量，又均衡了吞吐量，如图 3-30 所示。

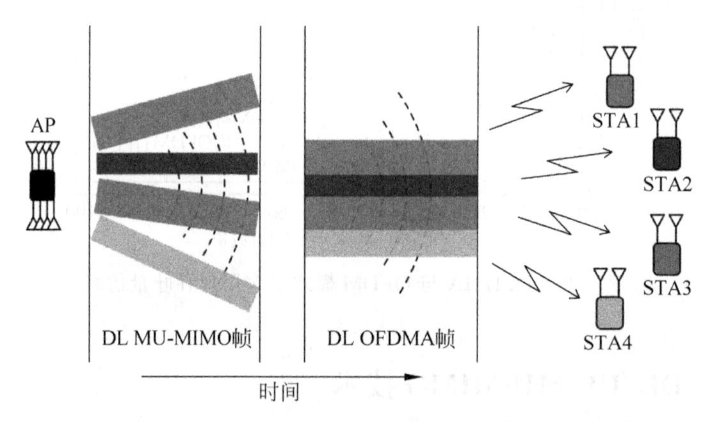

图 3-30　8×8 MU-MIMO AP 下行多用户模式调度顺序

2. UL MU-MIMO 技术

UL MU-MIMO（上行）是 IEEE 802.11ax 中引入的一个重要特性，UL MU-MIMO 的概念和 UL SU-MIMO 的概念类似，都是通过发射机和接收机多天线技术使用相同的信道资源在多个空间流上同时传输数据，唯一的差别在于 UL MU-MIMO 的多个数据流是来自多个用户。IEEE 802.11ac 及之前的 IEEE 802.11 标准都是 UL SU-MIMO，即只能接收一个用户发来的数据，多用户并发场景效率较低，IEEE 802.11ax 支持 UL MU-MIMO 后，借助 UL OFDMA 技术（上行），可同时进行 MU-MIMO 传输和分配不同 RU 进行多用户多址传输，提升多用户并发场景效率，大大降低了应用时延，如图 3-31 所示。

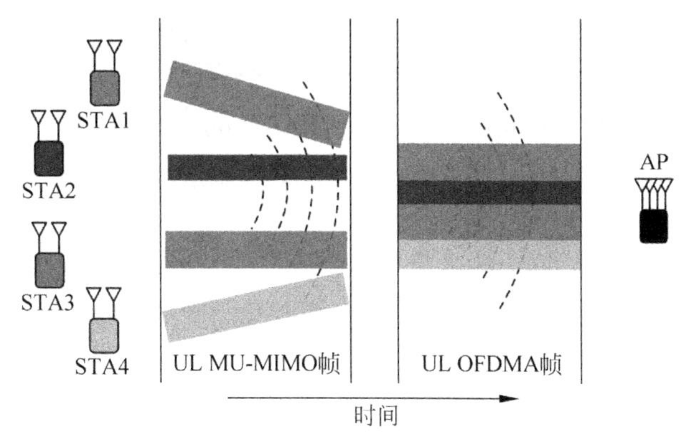

图 3-31 多用户模式上行调度顺序

虽然 IEEE 802.11ax 标准允许 OFDMA 与 MU-MIMO 同时使用，但不要把 OFDMA 与 MU-MIMO 混淆。OFDMA 支持多用户通过细分信道（子信道）来提高并发效率，MU-MIMO 支持多用户通过使用不同的空间流来提高吞吐量，如表 3-8 所示。

表 3-8 OFDMA 与 MU-MIMO 的对比

OFDMA	MU-MIMO
提升效率	提升容量
降低时延	每用户速率更高
最适合低带宽应用	最适合高带宽应用
最适合小包报文传输	最适合大包报文传输

3.3.3 更高阶的 1024-QAM 调制技术

IEEE 802.11ax 标准的主要目标是增加系统容量，降低时延，提高多用户高密场景下的效率，但更高的效率与更快的速度并不互斥。IEEE 802.11ac 采用的 256-QAM 正交幅度调制，每个符号传输 8b 数据（$2^8=256$），IEEE 802.11ax 将采用 1024-QAM 正交幅度调制，每个符号位传输 10b 数据（$2^{10}=1024$），从 8～10 的提升是 25%，也就是相对于 IEEE 802.11ac 来说，IEEE 802.11ax 的单条空间流数据吞吐量又提高了

25%，如图 3-32 所示。

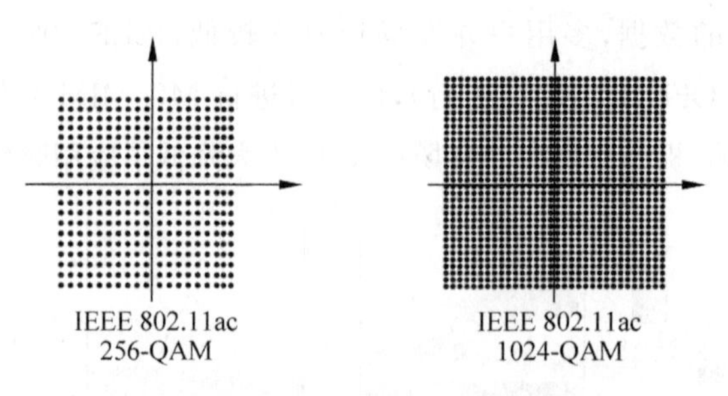

图 3-32　256-QAM 与 1024-QAM 的星座图对比

需要注意的是，IEEE 802.11ax 中成功使用 1024-QAM 调制取决于信道条件，更密的星座点距离需要更强大的 EVM(误差矢量幅度，用于量化无线电接收器或发射器在调制精度方面的性能)和接收灵敏度功能，并且信道质量要求高于其他调制类型。

WiFi 物理速率计算方法：

物理速率＝空间流数量×[1/(Symbol＋GI)]×编码方式×码率×有效子载波数量

(1) 空间流数量：空间流其实就是 AP 的天线，天线数越多，整机吞吐量也越大，就像高速公路的车道一样，8 车道一定会比 4 车道运输量更大。不同 IEEE 802.11 标准对应的空间流数量如表 3-9 所示。

表 3-9　不同 IEEE 802.11 标准对应的空间流数量

IEEE 802.11 标准	IEEE 802.11a/g	IEEE 802.11n	IEEE 802.11ac	IEEE 802.11ax
单射频最大空间流	1	4	8	8

(2) Symbol 与 GI：Symbol 就是时域上的传输信号，相邻的两个 Symbol 之间需要有一定的空隙(GI)，以避免 Symbol 之间的干扰。就像中国的高铁一样，每列车相当于一个 Symbol，同一个车站发出的两列车之间一定要有一个时间间隙，否则两列车就可能会发生碰撞。不同 WiFi 标准下的间隙也有不同，一般来说，传输速度较快时 GI 需要适当增大，就像同一车道上两列 350km/h 时速的高铁发车时间间隙要比时速 250km/h 时速的高铁发车间隙要大一些。IEEE 802.11 标准对应的 Symbol 与 GI 数据如表 3-10 所示。

表 3-10　IEEE 802.11 标准对应的 Symbol 与 GI 数据

IEEE 802.11 标准	IEEE 802.11ac 之前	IEEE 802.11ax
Symbol	3.2μs	12.8μs
Short GI	0.4μs	/

续表

IEEE 802.11 标准	IEEE 802.11ac 之前	IEEE 802.11ax
GI	0.8μs	0.8μs
2×GI	—	1.6μs
4×GI	—	3.2μs

(3) 编码方式：编码方式就是调制技术，即1个 Symbol 中能承载的比特数量。从 WiFi 1 到 WiFi 6，每次调制技术的提升，都能给每条空间流速率带来20%以上的提升。IEEE 802.11 标准对应的 QAM 如表3-11所示。

表3-11 IEEE 802.11 标准对应的 QAM

IEEE 802.11 标准	IEEE 802.11a/g	IEEE 802.11n	IEEE 802.11ac	IEEE 802.11ax
最高阶调制	64-QAM	64-QAM	256-QAM	1024-QAM
比特数/Symbol	6	6	8	10

(4) 码率：理论上应该是按照编码方式无损传输，但实际情况总有各种干扰和损耗。传输时需要加入一些用于纠错的信息码，用冗余换取高可靠度。码率就是排除纠错码之后实际真实传输的数据码占理论值的比例。IEEE 802.11 标准对应的码率如表3-12所示。

表3-12 IEEE 8802.11 标准对应的码率

调制方式	IEEE 802.11a/g	IEEE 802.11n	IEEE 802.11ac	IEEE 802.11ax
BPSK	1/2	1/2	1/2	1/2
QPSK	1/2	1/2	1/2	1/2
QPSK	3/4	3/4	3/4	3/4
16-QAM	1/2	1/2	1/2	1/2
16-QAM	3/4	3/4	3/4	3/4
64-QAM	2/3	2/3	2/3	2/3
64-QAM	3/4	3/4	3/4	3/4
64-QAM	5/6	5/6	5/6	5/6
256-QAM	—	—	3/4	3/4
256-QAM	—	—	5/6	5/6
1024-QAM	—	—	—	3/4
1024-QAM	—	—	—	5/6

(5) 有效子载波数量：载波类似于频域上的 Symbol，一个子载波承载一个 Symbol，不同调制方式及不同频宽下的子载波数量不一样。IEEE 802.11 标准对应的子载波数量如表3-13所示。

表 3-13　IEEE 802.11 标准对应的子载波数量

IEEE 802.11 标准	频宽	IEEE 802.11n	IEEE 802.11ac	IEEE 802.11ax
最小子载波带宽	—	312.5kHz	312.5kHz	78.125kHz
有效子载波数量	HT20	52	52	234
	HT40	108	108	468
	HT80	—	234	980
	HT160	—	2×234	2×980

至此，我们可以计算一下 IEEE 802.11ac 与 IEEE 802.11ax 在 HT80 频宽下的单条空间流最大速率，如表 3-14 所示。

表 3-14　IEEE 802.11ac 与 IEEE 802.11ax 单条空间流速率

PHY	1/(Symbol+GI)	比特数/Symbol	码率	有效子载波	速率
IEEE 802.11ac	1/(3.2μs+0.4μs)	8	5/6	234	433Mb/s
IEEE 802.11ax	1/(12.8μs+0.8μs)	10	5/6	980	600Mb/s

3.3.4　空分复用技术 SR 和 BSS 着色机制

WiFi 射频的传输原理是在任何指定时间内，一个信道上只允许一个用户传输数据，如果 WiFi AP 和客户端在同一信道上侦听到有其他 IEEE 802.11 无线电传输，则会自动进行冲突避免，推迟传输，因此每个用户都必须轮流使用。所以说信道是无线网络中非常宝贵的资源，特别在高密场景下，信道的合理划分和利用将对整个无线网络的容量和稳定性带来较大的影响。IEEE 802.11ax 可以在 2.4GHz 或 5GHz 频段运行(与 IEEE 802.11ac 不同，只能在 5GHz 频段运行)，高密部署时同样可能会遇到可用信道太少的问题(特别是 2.4GHz 频段)，如果能够提升信道的复用能力，则会提升系统的吞吐容量。

IEEE 802.11ac 及之前的标准，通常采用动态调整 CCA 门限的机制来改善同频信道间的干扰，通过识别同频干扰强度，动态调整 CCA 门限，忽略同频弱干扰信号实现同频并发传输，提升系统吞吐容量。

IEEE 802.11 默认 CCA 门限如图 3-33 所示。

如图 3-34 所示，AP1 上的 STA1 正在传输数据，此时，AP2 也想向 STA2 发送数据，根据 WiFi 射频传输原理，需要先侦听信道是否空闲，CCA 门限值默认为 −82dBm，发现信道已被 STA1 占用，那么 AP2 由于无法并行传输而推迟发送。实际上，所有的与 AP2 相关联的同信道客户端都将推迟发送。引入动态 CCA 门限调整机

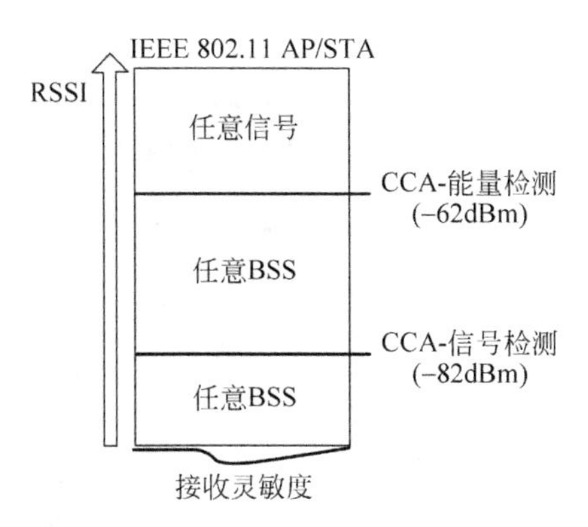

图 3-33　IEEE 802.11 默认 CCA 门限

制，在 AP2 侦听到同频信道被占用时，可根据干扰强度调整 CCA 门限侦听范围（比如从－82dBm 提升－72dBm），规避干扰带来的影响，即可实现同频并发传输。

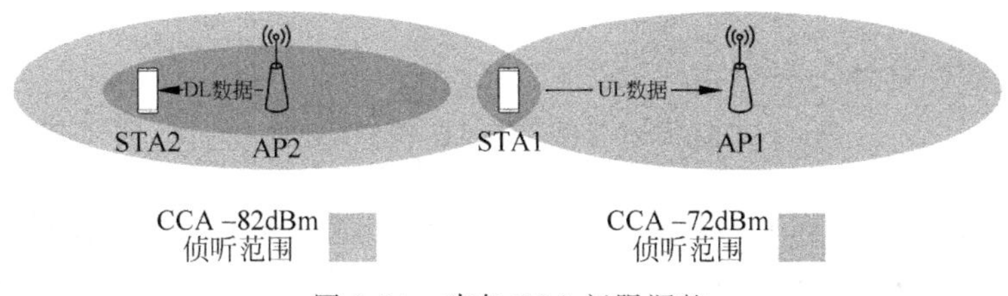

图 3-34　动态 CCA 门限调整

由于 WiFi 客户端设备的移动性，WiFi 网络中侦听到的同频干扰不是静态的，它会随着客户端设备的移动而改变，因此引入动态 CCA 机制是很有效的。

IEEE 802.11ax 中引入了一种新的同频传输识别机制，叫 BSS 着色机制，在 PHY 报头中添加 BSS color 字段对来自不同 BSS 的数据进行“染色”，为每个通道分配一种颜色，该颜色标识一组不应干扰基本服务集（BSS），接收端可以及早识别同频传输干扰信号并停止接收，避免浪费收发机的时间。如果颜色相同，则认为是同一 BSS 内的干扰信号，发送将推迟；如果颜色不同，则认为两者之间无干扰，两个 WiFi 设备可同信道同频并行传输，如图 3-35 所示。以这种方式设计的网络，那些具有相同颜色的信道彼此相距很远，此时再利用动态 CCA 机制将这种信号设置为不敏感，事实上它们之间也不太可能会相互干扰。

3.3.5　扩展覆盖范围 ER

由于 IEEE 802.11ax 标准采用的是 Long OFDM Symbol 发送机制，每次数据发

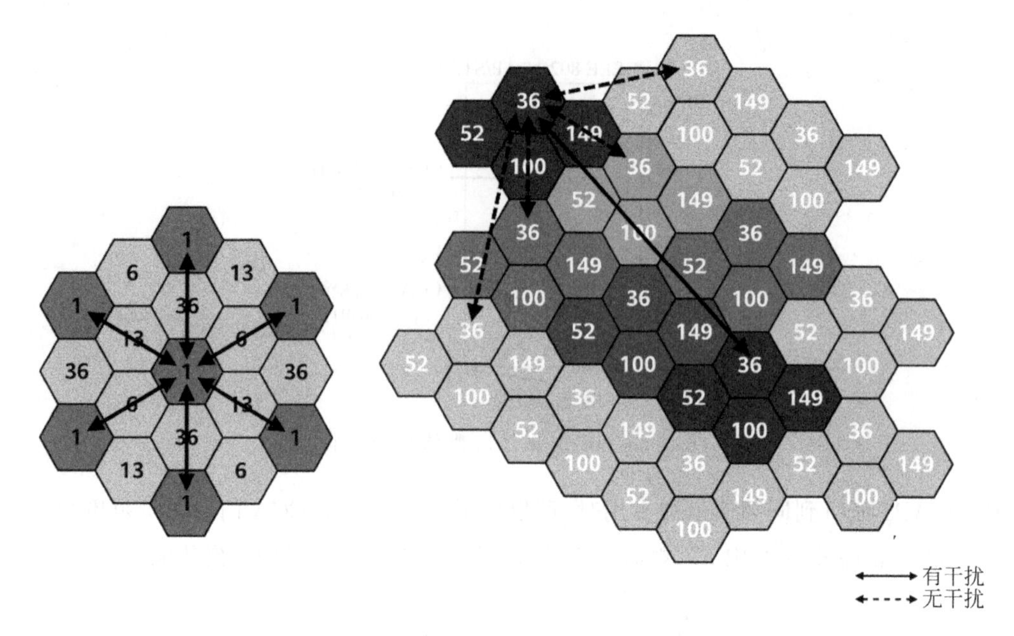

图 3-35 无 BSS 着色机制与有 BSS 着色机制对比

送持续时间从原来的 3.2μs 提升到 12.8μs，更长的发送时间可降低终端丢包率，如图 3-36 所示；另外 IEEE 802.11ax 最小可仅使用 2MHz 频宽进行窄带传输，有效降低频段噪声干扰，提升了终端接收灵敏度，增加了覆盖距离。

图 3-36 Long OFDM Symbol 与窄带传输带来覆盖距离提升

3.3.6 支持 2.4GHz 频段

我们都知道 2.4GHz 频宽窄，且仅有 3 个 20MHz 的互不干扰信道(1、6 和 11)，在 IEEE 802.11ac 标准中已经被抛弃，但是有一点不可否认的是 2.4GHz 仍然是一个可用的 WiFi 频段，在很多场景下依然被广泛使用，因此，IEEE 802.11ax 标准中选择继续支持 2.4GHz，目的就是要充分利用这一频段特有的优势。

(1) 覆盖范围。无线通信系统中，频率较高的信号比频率较低的信号更容易穿透障碍物，而频率越低，波长越长，绕射能力越强，穿透能力越差，信号损失衰减越小，传输距离越远。虽然5GHz频段可带来更高的传播速度，但信号衰减也越大，所以传输距离比2.4GHz要短。因此，我们在部署高密无线网络时，2.4GHz频段除了用于兼容老旧设备，还有一个很大的作用就是边缘区域覆盖补盲。

(2) 低成本。现阶段仍有数以亿计的2.4GHz设备在线使用，就算如今成为潮流的IoT网络设备也使用2.4GHz频段，对有些流量不大的业务场景(如电子围栏、资产管理等)，终端设备非常多，使用成本更低的仅支持2.4GHz的终端是一个性价比非常高的选择。

3.3.7 目标唤醒时间

目标唤醒时间(Target Wakeup Time，TWT)是IEEE 802.11ax支持的另一个重要的资源调度功能，它借鉴了IEEE 802.11ah标准。它允许设备协商它们什么时候和多久会被唤醒，然后发送或接收数据。此外，WiFi AP可以将客户端设备分组到不同的TWT周期，从而减少唤醒后同时竞争无线介质的设备数量。TWT还增加了设备睡眠时间，对采用电池供电的终端来说，大大提高了电池寿命。

IEEE 802.11ax AP可以和STA协调目标唤醒时间(TWT)功能的使用，AP和STA会互相交换信息，其中将包含预计的活动持续时间，以定义让STA访问介质的特定时间或一组时间，这样就可以避开多个不同STA之间的竞争和重叠情况，如图3-37所示。

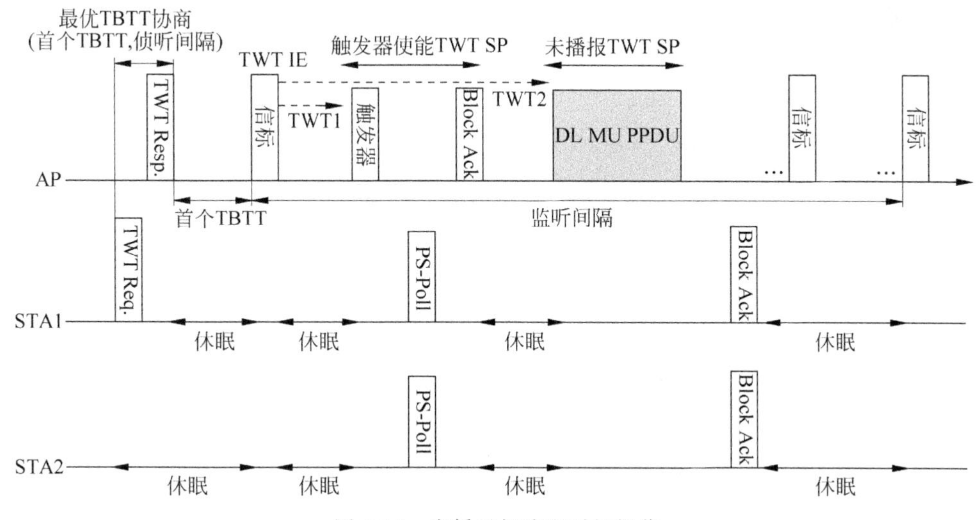

图3-37 广播目标唤醒时间操作

另外，支持 IEEE 802.11ax 标准的 STA 可以使用 TWT 来降低能量损耗，在自身的 TWT 来临之前进入睡眠状态。AP 还可另外设定 TWT 编排计划并将 TWT 值提供给 STA，这样双方就不需要存在个别的 TWT 协议，此操作称为"广播 TWT 操作"。

3.4 WiFi Mesh 组网技术

3.4.1 WiFi Mesh 组网概述

WiFi Mesh 组网是几个网元通过 Mesh 协议自动协商形成一个互联互通的网络，包括如下几个部分：

(1) WiFi Mesh 组网模式包括树形组网、全网状组网。

(2) WiFi Mesh 组网协议包括各种 Link 协议、EasyMesh 等。

(3) WiFi Mesh 组网工作流程包括网络拓扑生成、配置同步、拓扑自愈、漫游等。

3.4.2 WiFi Mesh 组网模式

在实际组网中，WiFi Mesh 组网模式可以分为树形组网模式和全网状组网模式。

1. 树形组网模式

在树形组网环境中，用户可以预先指定与其相连的邻居，如图 3-38 所示。

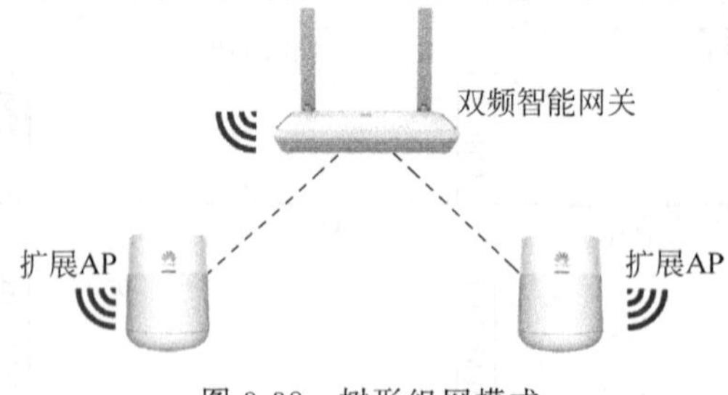

图 3-38　树形组网模式

通过光纤、网线、电力等有线连接，WiFi 回传都能正常传递。但对于 WiFi 回传，会存在以下限制。

(1) 理论上对于 WiFi,如果采用相同 5GHz 信道组网,每经过一级连接后性能将减半。

(2) 对于扩展 AP 组网,采用 5GHz 高频和低频信道交叉组网,可实现性能不衰减。

2. 全网状组网模式

网状拓扑组网可以检测到其他局域网设备,并且形成链路。该网络拓扑会引起网络环路,使用时可以结合 Mesh 路由选择性地阻塞冗余链路来消除环路,在 Mesh 链路故障时还可以提供备链路备份的功能,如图 3-39 所示。

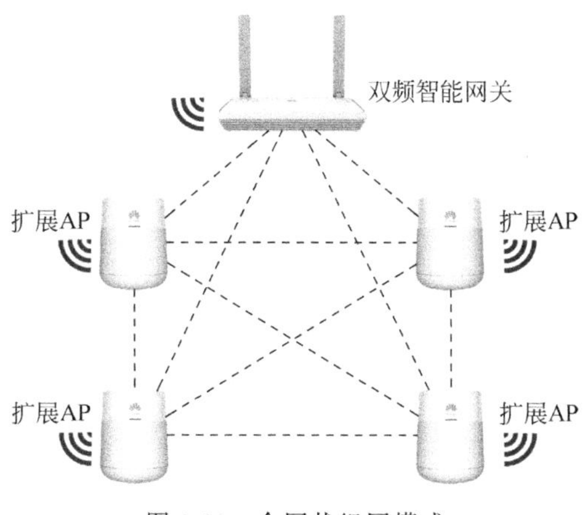

图 3-39 全网状组网模式

通过光纤、网线、电力等有线连接, WiFi 回传都能正常传递。但对于 WiFi 回传,会存在以下限制。

(1) 进行 AP 节点全连接时,一般节点间连接采用同一个 WiFi 信道,多个节点连接后,性能快速下降。理论上,经过两级连接后性能将减半。

(2) AP 节点间进行全连接后,保持信号弱的连接将直接带来开销,即使不考虑实际流量,但为了维持连接的管理报文一般采用低速连接,也会带来明显开销。

3.4.3 WiFi Mesh 组网协议

WiFi Mesh 组网协议定义了网关和扩展 AP 之间互联互通的管理协议,Mesh 组网协议目前有 WFA 联盟推出的 EasyMesh 1.0/2.0,运营商也定义了 e-Link/AndLink/WoLink 协议,还有许多设备厂商也定义了一些私有协议,比如华为

SmartLink、高通 SON 等协议。这些协议的目标都是为了提高家庭 WiFi Mesh 组网效率、性能和保障家庭设备 WiFi 接入的一致性体验。

如图 3-40 所示，WiFi Mesh 组网协议都是定义在链路层以上的管理协议。

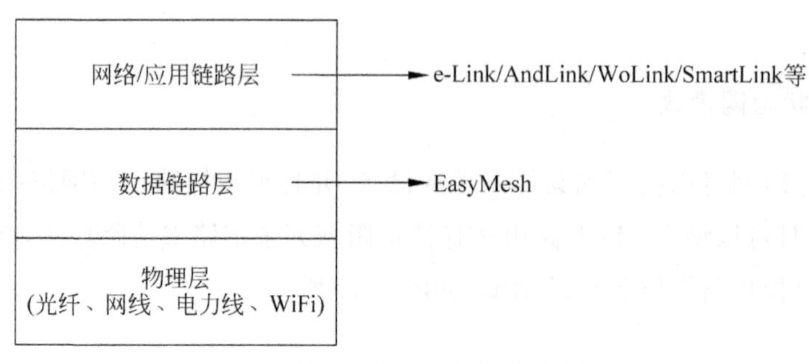

图 3-40　WiFi Mesh 组网协议

1. xLink 协议

xLink 协议基于 TCP/CoAP/UPnP 等协议扩展，主流的有 e-Link/AndLink/WoLink 和 SmartLink 等。SmartLink 是华为制定的双频智能网关与 AP 的组网协议，实现网关和 AP 间 WiFi 配置同步、漫游控制、拓扑调整、WiFi 信息采集等功能。这些协议基于 TCP/CoAP/UPnP 协议扩展，在中国运营商已经大量应用，其协议的完整性、互通性都非常成熟，如图 3-41 所示。通常采用点到点的 L3 协议。

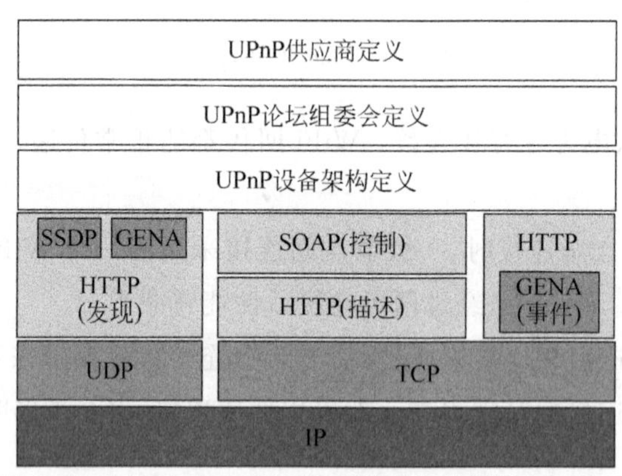

注：SSDP(UDP)：设备发现；SOAP(TCP)：控制点对设备服务的调用；GENA(TCP)：设备事件上报。

图 3-41　xLink 协议

2. EasyMesh

EasyMesh 连接管理协议基于 IEEE 1905.1 协议扩展实现，目前是 WFA 联盟推动的可选认证之一。

控制协议部分基于 IEEE P1905.1 协议扩展，属于 L2.5 协议，如图 3-42 所示。

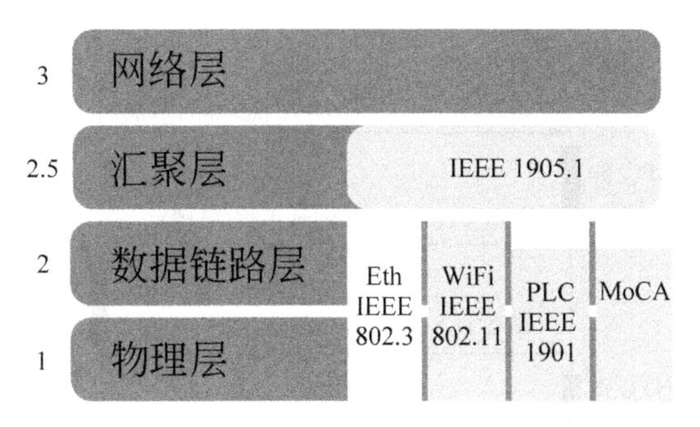

图 3-42 EasyMesh 协议

(1) 单播(Unicast)。

(2) 邻居组播(Neighbor Multicast)。

(3) 转发组播(Relayed Multicast)。

EasyMesh 是 WiFi 联盟制定的网关与 AP 的组网协议，实现网关和 AP 间 WiFi 配置同步、漫游控制、拓扑调整、WiFi 信息采集等功能。

3.4.4 WiFi Mesh 工作流程

WiFi Mesh 工作流程如图 3-43 所示。首先生成拓扑，然后同步配置参数，接着拓扑自愈，最后进行漫游切换。

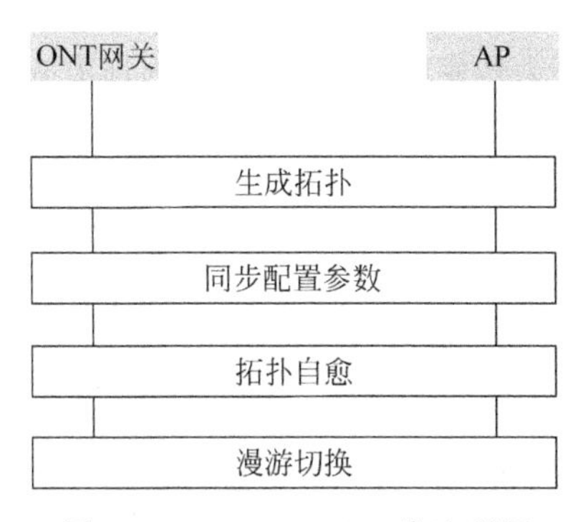

图 3-43 WiFi Mesh 工作流程图

1. 拓扑生成流程

拓扑生成流程完成 WiFi Mesh 组网内网关与 AP 设备间的相互发现、连接建立。

以 EasyMesh 为例介绍整个 Mesh 建立的过程，如图 3-44 所示。

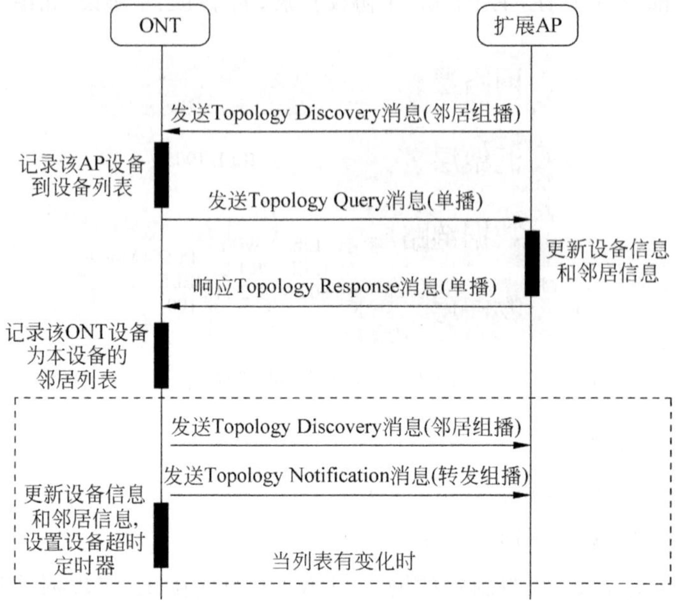

图 3-44　WiFi Mesh 邻居发现流程

(1) 设备上线完成初始化之后，发送 Topology Discovery 报文。Topology Discovery 为组播报文，所有该设备的直接邻居都会收到该报文。然后通过 Topology Query 和 Topology Response 的交互，来获取详细的设备信息，更新到自己的列表中。

(2) 更新邻居关系表，当列表有变化时，就会触发发送 Topology Notification 报文。Topology Notification 为转发组播报文，网络内所有设备都会收到该报文。收到 Topology Notification 报文的设备，又可以通过 Topology Query 和 Topology Response 的交互来获取到 Topology Notification 报文发送者的详细设备信息。

2. 参数配置同步流程

在 WiFi Mesh 连接建立之后，双频智能网关通过 Mesh 管理协议，将 WiFi 配置参数自动同步到扩展 AP 上，从而与扩展 AP 一起构成 WiFi 家庭覆盖网络。

下面仍以 EasyMesh 为例介绍 WiFi 参数配置同步流程。

(1) 当新的扩展 AP 接入 EasyMesh 网络时，网关通过 AP-AutoConfig 消息将当前 WiFi 接入参数下发给扩展 AP，如图 3-45 所示。

用户 STA 接入到各个扩展 AP 与双频智能网关 WiFi 时，都是采用相同的 SSID

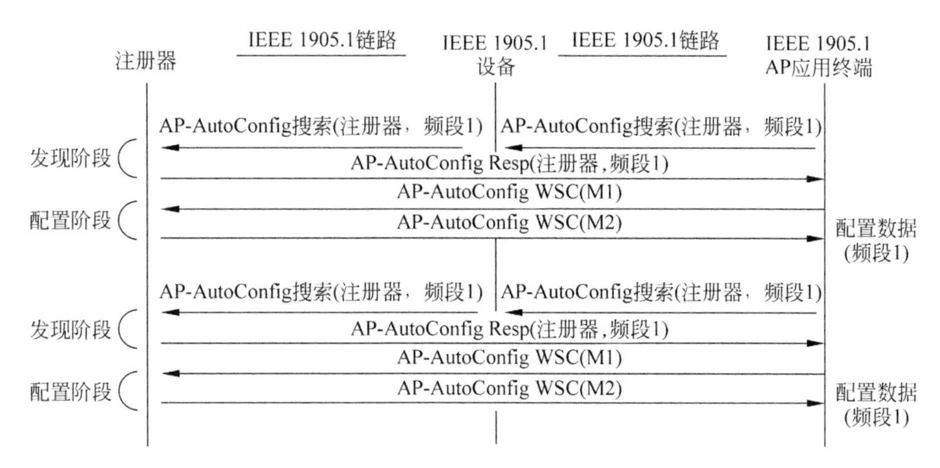

图 3-45 WiFi Mesh 参数配置同步 1

配置(SSID 名称、认证加密方式、密码等),因此不管当前是连接 Mesh 网络的哪个 WiFi 接入点,用户设备都不用做任何配置修改。

(2) 当网关的 WiFi 接入参数发生变更时,网关通过 AP-AutoConfig Renew 消息通知各扩展 AP 及时做同步刷新,如图 3-46 所示。

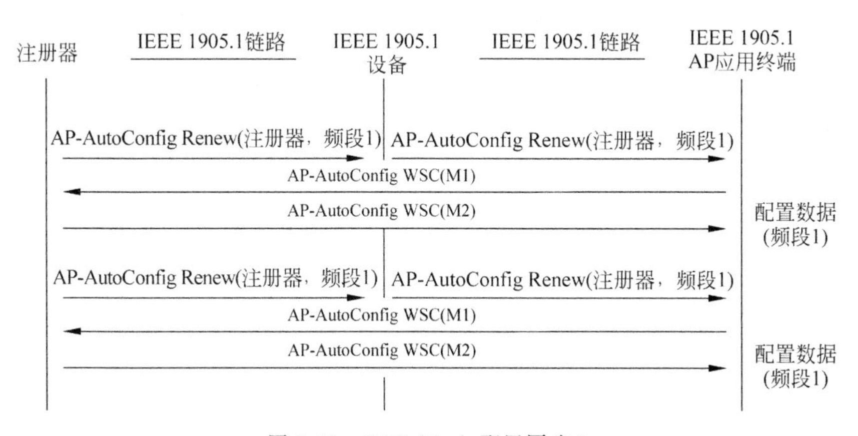

图 3-46 WiFi Mesh 配置同步 2

当双频智能网关侧的 WiFi 接入参数变更时,双频智能网关也会通过 Mesh 协议将修改后的 WiFi 配置参数下发给各扩展 AP 实施更新,从而使得整个 Mesh 网络始终保持统一的 WiFi 接入参数。

3. 拓扑自愈流程

在 AP 都通过有线介质(比如以太网线、光纤)连接网关的情况下,WiFi Mesh 组网的拓扑是固定的，不会发生变化，因此不存在拓扑选路的问题。

当AP通过WiFi级联时，由于WiFi空口连接存在不确定性，且WiFi链路可以根据连接质量进行切换，因此就存在组网拓扑选路的问题，该问题的核心诉求是优化Mesh组网的整体性能。组网拓扑选路通常在下述情况下触发。

(1) 当AP上电启动时，该AP自动去选择一条性能最佳的级联路径，如图3-47所示。

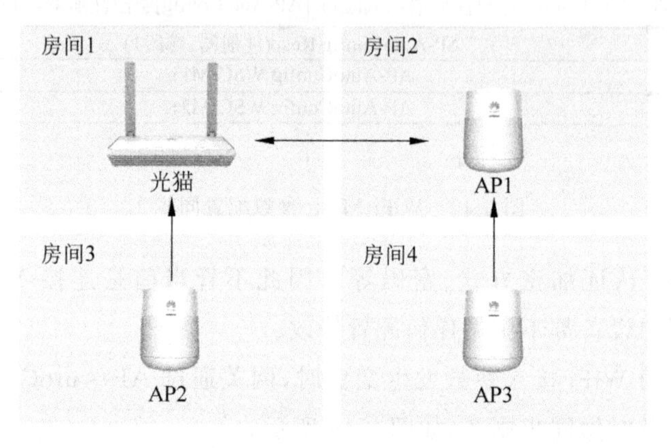

图3-47　AP启动时自动选择最佳级联路径示意图

(2) 当WiFi组网内的某个AP发生故障或者断电时，与之相连的扩展AP需要自动调整组网，如图3-48所示。

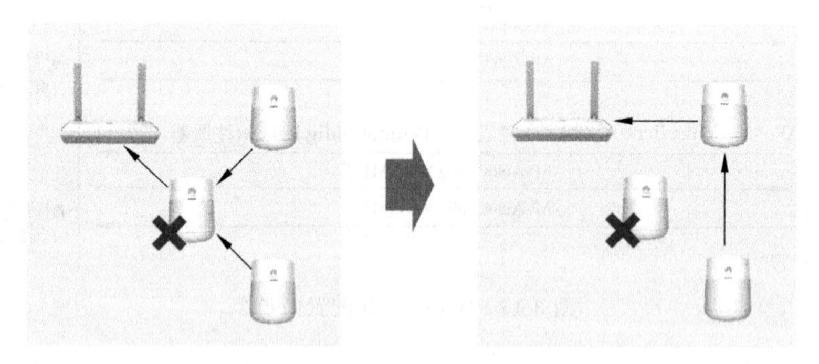

图3-48　AP故障时组网拓扑优化图

(3) 当某AP上线时，也可能会导致组网拓扑需要相应做优化调整，如图3-49所示。

通常组网拓扑选路会考虑以下因素：

(1) WiFi回传通道的带宽。

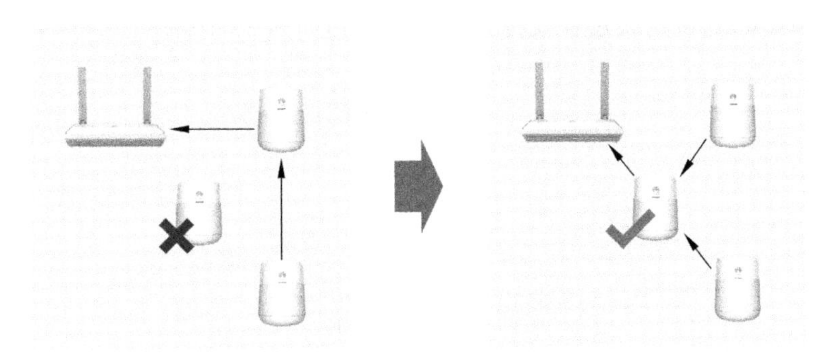

图 3-49 AP 重新上线时组网拓扑优化图

(2) WiFi 回传通道的链路质量,可通过 RSSI、丢包率、干扰等指标来衡量。

(3) WiFi 级联的层级。

网关也可根据 WiFi Mesh 整网状态主动要求其中某扩展 AP 进行重新选路。以 EasyMesh 规范为例,它定义了网关如何控制扩展 AP 去执行拓扑调整的消息交互,如图 3-50 所示。EasyMesh 规范当前还没有规定具体触发拓扑调整的条件以及如何选择出最合适的拓扑路径,不同厂商会根据自身理解去实现算法,最终所表现出来的拓扑调整时机、拓扑是否最优选路等方面也会有差异。

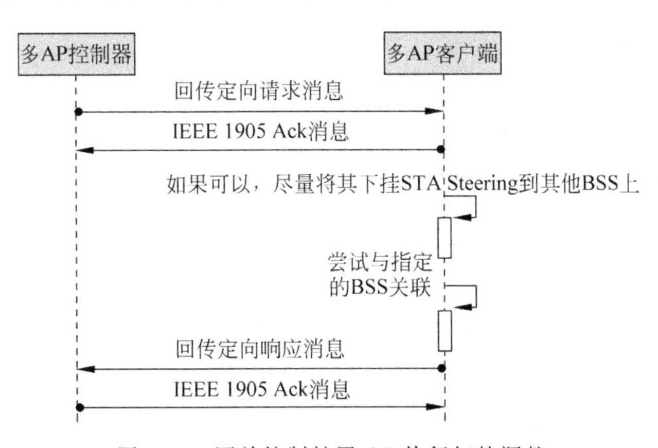

图 3-50 网关控制扩展 AP 执行拓扑调整

4. 漫游切换

当家庭网络 WiFi Mesh 组网完成后,在使用诸如手机、平板等无线终端在家庭内部移动的过程中,如果无线终端逐渐远离了原先连接的 AP,那么其 WiFi 信号将越来越弱。这时候就要将无线终端切换其 WiFi 连接到一个距离更近的 AP,以保障 WiFi

接入服务的质量，这种切换过程就称为 WiFi 漫游，如图 3-51 所示。

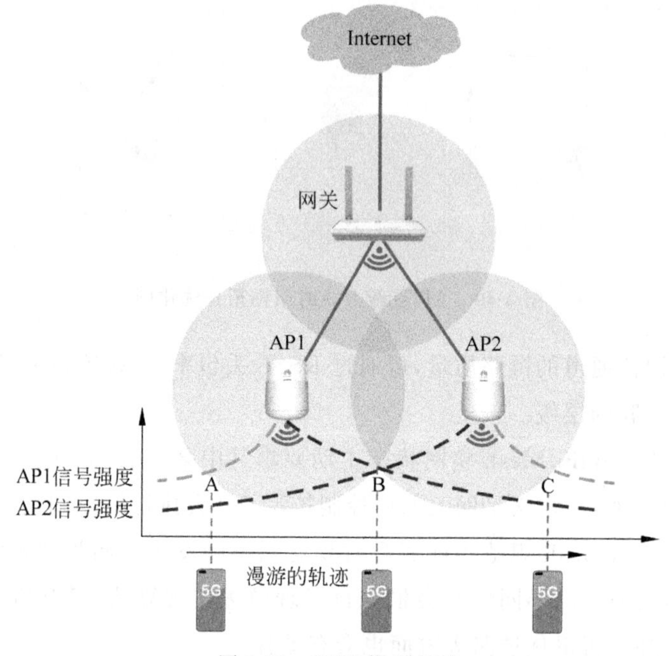

图 3-51　WiFi 漫游切换

WiFi 漫游具有如下特征：

(1) 用户 STA 可以在同一个 WiFi 网络中任意移动，对家庭网络而言，同一 WiFi 体现为 WiFi Mesh 组网各设备提供相同的 SSID 名称及密码。

(2) 用户 STA 的标识(IP 地址)不改变，客户端在连接网络初期获得了 IP 地址，在整个漫游过程中 IP 地址不改变。

(3) 保证用户当前业务不中断，在漫游的整个过程中，客户端的业务不中断。

用户 STA 在家里移动过程中，能否及时且成功地执行 WiFi 漫游切换、业务是否会中断，这些都是会影响用户体验的重要因素。

早期 WiFi 标准未针对 WiFi 漫游做明确规定，各厂商 STA 要么不支持 WiFi 漫游、要么根据各自算法来实施漫游，导致用户体验参差不齐。进入 WiFi 5 时代之后，IEEE 标准组织及时发布了 IEEE 802.11k/IEEE 802.11v 等协议规范，为在 WiFi 组网内如何实施漫游控制给出了标准指导。

家庭网络 WiFi Mesh 组网场景下，基于 IEEE 802.11k/IEEE 802.11v 协议实施 WiFi 漫游切换控制的参考流程如图 3-52 所示。

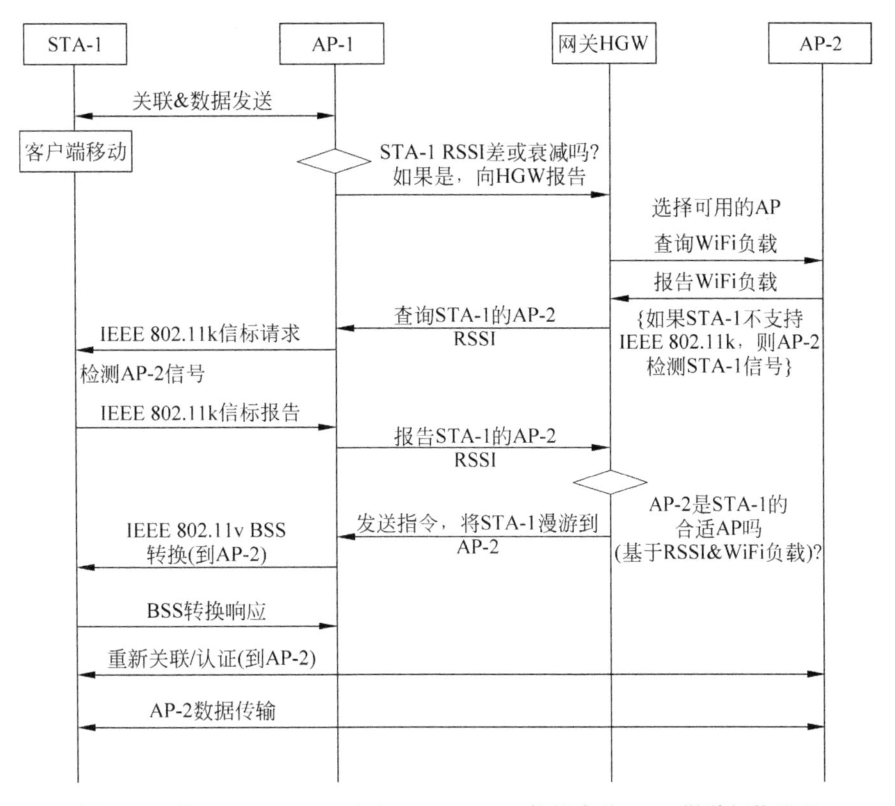

图 3-52 基于 IEEE 802.11k/IEEE 802.11v 协议实施 WiFi 漫游切换流程

(1) AP 不断对 STA 信号质量进行实时检测，比如 RSSI、速率、丢包率等指标，以 RSSI 为例，当某 STA 的 RSSI 低于某阈值或者弱化趋势明显时，则 AP 判断该 STA 可能需要漫游，AP(如图 3-52 中的 AP-1)将该 STA 信息上报给网关、触发后续的漫游判断。

(2) 网关根据 WiFi Mesh 组网信息及各 AP 当前工作状态，筛选出可供备选的 AP(如图 3-52 中的 AP-2)。

(3) 网关给该 STA 当前接入 AP-1 下发 Mesh 控制指令，让它通过 IEEE 802.11k 指示该 STA 去探测出备选 AP 的信号情况。

(4) AP-1 与 STA 直接进行 IEEE 802.11k beacon request/report 交互，从 STA 获取到备选 AP 的信号强度，将此结果上报给网关。

(5) 网关根据 WiFi 漫游算法对备选 AP 做判决，选取出合适的作为最终要切换过去的目标 AP，之后给 AP-1 下发 Mesh 控制指令、让它将该 STA 切换到目标 AP。

（6）AP-1给该STA下发IEEE 802.11v BSS Transition Management切换指令、指示STA漫游到目标AP。

（7）STA根据指示，重关联到目标AP，WiFi信号变好，完成本次漫游切换过程。

网关与各AP之间控制消息的传递均是通过WiFi Mesh组网协议来完成，而AP与STA之间的指令交互则是通过标准的IEEE 802.11k/IEEE 802.11v消息来完成。

第4章

下一代家庭网络

4.1 下一代家庭网络业务趋势及需求

传统家庭宽带经历了F2G(第二代固定网络,ADSL)/F3G(第三代固定网络,VDSL)/F4G(第四代固定网络,GPON/EPON)3个阶段,如图4-1所示。在Web、高清视频的带动下,网络带宽要求从几百kb/s逐步发展到几百Mb/s。这些业务的共同特征是实时性要求不高,本地通过大缓冲区方式解决互联网不稳定的问题,只要在宏观上有足够的带宽可用,就能保证更多的终端接入视频和进行网页浏览,并不需要过多关注网络瞬时的丢包和抖动。

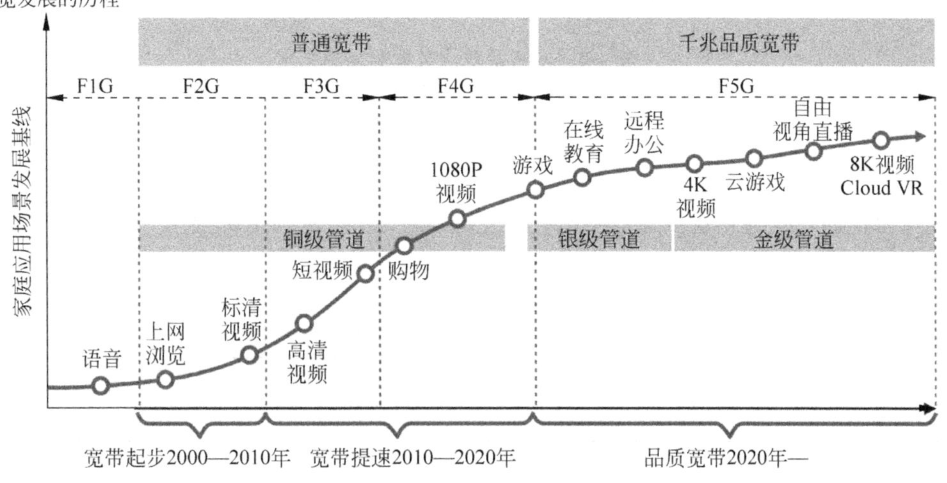

图4-1 家庭宽带业务发展趋势

随着网络游戏、网络直播、在线教育、在线办公等实时性业务的出现,不仅需要一定的网络带宽保障,还需要持续稳定的低时延、少丢包,而以统计复用为基础的宽带网络在面对这种新业务时难以适应。在一个关于在线教育的问卷调查中，网课过程卡顿、不清晰的反馈比例高达49%。

因此，在面向F5G的宽带时代，不仅需要关注速率的提升，还需要关注宽带的高质量。

4.1.1 极低时延游戏体验

当前网络游戏主要包含如表4-1所示的3类，其中FPS/RTS/ARTS类要求百毫秒级的网络时延和抖动，典型游戏包括《王者荣耀》《反恐精英》等。

表4-1 网络游戏分类及业务特征

游戏分类	业务特征	典型代表性游戏
FPS(第一人称射击)、RTS(即时战略)	对网络时延要求极高，对网络带宽要求不高，E2E时延要求在100ms内	《王者荣耀》
大型RPG(角色扮演游戏)	对网络时延要求一般，对网络带宽不敏感，E2E时延要求在100～300ms范围内	《魔兽世界》
卡牌类回合制游戏	对网络时延和网络带宽不敏感	《欢乐斗地主》

对于网络游戏而言，有3个关键指标影响用户体验：操作响应时间、卡顿次数、网络启动时延。其中操作响应时间和卡顿次数是核心。其指标建议如表4-2所示。

表4-2 网络游戏业务体验指标要求

操作响应时间	卡顿次数/(次/5min)	网络启动时延
<100ms	0	<5s

为了满足上述体验要求，网络需要达到如表4-3所示的指标要求，其中时延和抖动要求比较苛刻。

表4-3 手机游戏业务对网络的指标要求

带宽(上下行)	平均时延	时延抖动	丢包率
≥2Mb/s	<60ms	<100ms	≤1E−1

(1) 网络游戏主要传输指令内容，对带宽的要求较低，一般2Mb/s即可。

(2) 手机游戏对时延和抖动的要求较高。如果抖动超过100ms，会出现卡顿等现象，如果超过250ms时，会对玩家操作造成较大影响，导致游戏无法公平进行。

(3) 手机游戏对丢包不敏感，推测服务器和终端可能做了一定的冗余处理。

4.1.2　实时在线教育、在线办公

在线教育和远程办公要求对称带宽为5～20Mb/s,时延和抖动要求百毫秒级。

2020年初新冠疫情出现以来,在线教育、在线办公迅速发展。教育部统筹整合国家、有关地方和学校相关教学资源,全力保障教师在网上教、孩子在网上学,要求学校利用网络平台实施在线教学,保证"停课不停教、停课不停学"。各培训机构也在加速在线教育的布局,通过网上的课程代替各类线下课程,运营商、互联网厂商等也在推广各自的在线教育业务。充分利用网络教学平台开展线上教学和辅导,帮助上亿学生"停课不停学"。预计2025年我国在线教育用户规模将达到3亿人。与此同时,大量企业开始向员工发布延期复工和远程办公通知,包括阿里巴巴、腾讯、百度、字节跳动、网易、酷狗、滴滴、京东、快手在内,共涉及企业1800以上家,员工3亿以上人。预计远程办公将成为未来生活的常见模式。

在使用在线教育/办公的过程中,有3个关键指标影响用户体验:分辨率、语音/画面延时、卡顿/跳帧次数,其指标要求如表4-4所示。

表4-4　远程办公业务体验指标要求

阶　　段	分　辨　率	语音/画面延时	卡顿/跳帧次数/(次/5min)
当前	720P	<500ms	0
未来	4K	<200ms	0

(1) 分辨率:分辨率决定了现场还原的逼真程度,理论上4K分辨率才能最真实还原。在使用小屏的情况下,1080P也可以较好地满足要求,720P则处于中等水平。当前的在线教育和远程办公应用,为了降低成本和避免网络带宽不够造成卡顿,普遍采用了720P进行传输,只有少量采用了1080P和4K。

(2) 语音/画面时延:在线教育和远程办公需要实时语音对话和视频分享,如果存在较大时延,会出现互相等或者重复说话等现象,产生混乱。一般研究认为时延小于200ms可以达到与面对面交流类似的效果,如果时延大于1s则会产生不适感。

(3) 卡顿/跳帧次数:观看卡顿次数指标定义为用户在特定时间内(按60min计算),终端因无数据可用导致出现卡顿、跳帧的次数。一般认为只有0卡顿/跳帧才能满足良好的体验要求。

为了达到上述体验要求,网络需要提供低时延抖动和丢包(3～5min测试周期),同时其带宽诉求是上下行对称的。远程办公业务对网络的指标要求如表4-5所示。

表 4-5 远程办公业务对网络的指标要求

阶段	带宽(上下行)	时延(终端到服务器)	时延抖动	丢包率
当前	5Mb/s	<150ms	<200ms	<1%
未来	20Mb/s	<60ms	<100ms	<[L(1)]5E－2

(1) 远程办公720P的码率约为2Mb/s,由于实时推流,不需要快速填充缓冲区的过程,它对带宽的要求较低,带宽实测为5Mb/s即可满足要求。未来4K分辨率时,码率约10Mb/s,带宽预测为20Mb/s即可满足要求。由于视频会议是双向的,因此对带宽的要求是上下行的。

(2) 为了实现500ms以内的画面/声音时延,除服务器200ms处理时延,留给两边终端到服务器的为300ms,因此单个终端到服务器时延应小于150ms。未来极致体验时,画面/声音时延应小于200ms,服务器处理时延需优化至80ms,单个终端到服务器时延建议应小于60ms。

(3) 远程办公业务追求实时性,基本零缓存,因此对时延的抖动要求较高,抖动会导致卡顿/跳帧/声音画面不同步等现象。从实测情况看,720P的帧率普遍在15帧左右,帧间隔为70ms左右,如果时延抖动超过200ms则无法实现良好体验。未来4K预测帧率会提升到30帧左右,预计时延抖动不能超过100ms。

(4) 不同的办公应用对丢包的要求不同,如果做了冗余传输则丢包要求比较宽松。当前720P的分辨率下,3～5min内实测要求最高的随机丢包为1E－2。预计未来4K的丢包要求为5×1E－1。

4.1.3 IPTV迈向8K超高清

8K视频需要带宽不低于200Mb/s,丢包率不高于1E－6。

随着2022年冬奥会、亚运会的临近,越来越多的运营商开始考虑将IPTV升级到8K,提升用户在大屏观看的体验。8K视频的码率是4K的3～4倍,带宽要求达到200Mb/s,当前以每秒百兆为基础构建的宽带网络将难以适应。

对于8K IPTV来说,有两个关键指标影响用户体验:缓冲时间/频道切换时间、卡顿次数/时长占比,其指标要求如表4-6所示。

表 4-6 业务体验指标要求

类　型	缓冲时间/频道切换时间	卡顿次数/时长占比
8K点播	<1s	0
8K直播	<500ms	0

为了达到上述体验要求，网络需要提供200Mb/s以上带宽和1E－6的低丢包率，对于直播而言还需要保障不超过30ms的抖动，如表4-7所示。

表4-7　业务对网络的指标要求

类　型	带宽(下行)	时　延	丢包率	抖　动
8K点播	≥200Mb/s	—	≤8.5×1E－6	—
8K直播	≥200Mb/s	—	≤1E－6	30ms

(1) 带宽主要与码率和秒级加载相关，其中8K码率一般为80Mb/s。为实现秒级初始加载和500ms的频道切换，需要数倍于码率的带宽。对于8K，建议带宽为200Mb/s。

(2) 8K点播业务当前普遍基于标准的TCP实现，其丢包根据时延和带宽要求可以理论推算。当前IPTV的CDN已普遍部署到了城域，时延可以保证小于20ms，基于此可换算得到200Mb/s通量情况下丢包率应小于8.5×1E－6。

(3) 8K直播业务采用UDP组播实现，没有部署重传技术，任意的丢包都会造成花屏/卡顿。测试周期3～5min，4K视频实测丢包率建议不大于1E－5，8K预测丢包率不应大于1E－6。

(4) 8K直播业务对固定时延不敏感，但对时延的抖动敏感。由于直播的缓存极小(100ms或以下)，抖动会导致缓存内容耗尽产生卡顿。8K的帧率预计会达到120f/s，帧间隔为8ms左右，建议抖动不应超过30ms。

4.1.4　极致体验Cloud VR

Cloud VR带宽不低于160Mb/s，时延不高于20ms。

VR是与虚拟世界感知、交互、融合的全新体验，具有沉浸感(Immersion)、交互性(Interaction)和构想性(Imagination)三大特征，使得人类可以用全新的方式感知万物。

传统的PC VR采用有线连接，可移动空间受限、舒适性欠缺，同时要求本地有高性能的GPU，成本较高。目前Cloud VR已逐步取代PC VR，它的主要特点如下所述。

(1) VR头显无绳化，大大提升用户移动空间和舒适性。

(2) 业务运行上云：采用计算上云、渲染上云、编码上云等方式，实现各种VR业务云化，有利于集中部署和资源互用，便于内容的统一分发和版权管理。

(3) 终端适配便捷：云端运行模式，降低了对终端计算/渲染能力的压力，同时减少各种应用针对各种类型终端适配的压力。

Cloud VR 从交互维度上可以划分为 VR 弱交互类业务和 VR 强交互类业务。

(1) Cloud VR 弱交互业务以视频业务为主，包含巨幕影院、VR 360°视频、VR 直播等，用户可以在一定程度上选择视点和位置，但用户与虚拟环境中的实体不发生实际的交互。VR 视频通常为 360°全景拍摄，支持多角度播放，主要用于事件直播、新闻、体育赛事、演唱会现场、展会等，给用户带来全新的视频体验。

(2) 强交互 VR 是指用户可通过交互设备与虚拟环境进行互动，通过虚拟环境中的物体对交互行为实时响应，使用户能够感受到虚拟环境的变化。在强交互 VR 中，强交互 VR 的虚拟空间图像生成与用户输入有关。Cloud VR 强交互类业务主要有 VR 游戏、VR 教育、VR 医疗等。

1. 弱交互业务关键指标要求

Cloud VR 弱交互业务体验要求与普通视频类似，主要包括分辨率、初始缓冲时长、卡顿次数/时长占比。除此之外，由于 Cloud VR 8K 或以上分辨率采用全景低清+视野内高清的 FOV 传输方式，因此还会多一个低清播放时长占比的指标。其指标建议如表 4-8 所示。

表 4-8　Cloud VR 弱交互业务体验关键指标要求

阶段	全景分辨率	初始缓冲时间	卡顿次数/时长占比	低清播放时长占比
当前	8K	<1s	0	<1E−2
中期	12K	<1s	0	<1E−2
远期	24K	<1s	0	<1E−2

1) 全景分辨率

Cloud VR 弱交互业务具有 360°视野，相比普通的大屏电视大很多。以 60 英寸的 4K 电视为例，在 1.5m 观看距离的情况下，视场角只有 49°。因此，要达到同样等级的画质体验，要求 VR 具有更高的全视角分辨率。如表 4-9 所示，Cloud VR 的 8K 全景分辨率才等效于平面电视 720P 水准，24K 全景分辨率才能达到 4K 平面电视水准。

表 4-9　Cloud VR 弱交互业务分辨率与普通大屏分辨率对比

Cloud VR			IPTV(60 英寸电视，1.5m 观看距离)		
全景分辨率	视场角	PPD	分辨率	视场角	PPD
4K	360°	11.4	480P	49°	14.7
8K	360°	22.7	720P	49°	22
12K	360°	34	1080P	49°	39
24K	360°	68	4K	49°	78

由于终端显示的限制，当前业界只能达到4K/8K全景分辨率，还需要一定的时间才能进一步演进到12K/24K的全景分辨率。

2）初始缓冲时长

和传统在线视频一样，在用户点击VR弱交互业务的播放按钮之后，也会出现一个加载等待的过程，用于执行CDN调度、索引下载和数据缓存等工作。在此过程中，用户一般只能看到加载进度条，加载时长越短，用户就能越早看到视频内容，主观体验也就会越好。与IPTV类似，一般良好的体验要求初始缓冲时长小于1秒。

3）卡顿次数/时长占比

在线视频播放过程中，当下载的数据被播放器用尽，无法满足实时播放需求时，终端就会选择先停止播放、只进行下载，直到新缓冲的视频数据达到一定量后，再重新启动播放，这一停止之后缓冲再播放的现象被称为卡顿。与IPTV类似，一般良好的体验要求零卡顿。

4）低清播放时长占比

在8K或以上的分辨率上，为了减少360°视野传输带来的浪费(用户只看眼前的100°左右视野，其他的是浪费)，会采用FOV传输方式。在FoV视频传输方案中，终端只下载和播放用户视域内的高清内容。特别是当用户转动头部改变姿态时，会触发终端重新计算与用户当前视角相匹配的高清分片索引，继而向服务器发起下载请求，如果预测不准或下载不及时，则会导致在播放超时前请求的高清分片还没有完成处理，播放器就会先使用低质量的背景视频进行填充，直到后续高清分片正常到达为止。总的来说，背景画面与前景画面的清晰度差异越小，用户看到的视频画面中低清内容的占比越低，出现的时间越短，用户的主观体验就会越好。一般认为该占比小于1%时会提供良好的体验。

为了达到上述体验要求，对应的网络指标如表4-10所示，其中带宽和丢包(测试周期3～5min)是关键。

表4-10　Cloud VR弱交互业务对网络的指标要求

阶　段	带　宽	时　延	丢包率	抖　动
当前	160Mb/s	<30ms	3E−4	—
中期	560Mb/s	<20ms	3E−5	—
远期	1520Mb/s	<20ms	4E−6	—

(1) 带宽主要与码率相关，其中8K全景分辨率码率一般为80Mb/s左右，12K全景分辨率码率预测为280Mb/s左右，24K全景分辨率码率预测为760Mb/s左右。

(2) 由于 Cloud VR 弱交互业务采用 FOV 传输,有一条独立的低码率的背景流(码率约为真正高清分辨率的 1/10),初始缓冲阶段只要把低码率的背景流缓冲完成即可播放,因此初始缓冲指标对带宽/时延的要求并非最高。但为了实现 1%以内的低清播放时长占比,需要低时延和大带宽。

当前有两种实现路径:

① 用短时延和大突发快速拉取高清画面,此方案对时延要求高,且突发流量较大。

② 平常也尽量全量下载 360°高清画面,解码芯片按需取不同的目标解码,此方案对时延要求低但对带宽要求高。当前主要采用第二种实现路径。基于 8K 全景分辨率的实测结果表明,带宽≥2 倍码率即可实现 1%低清播放时长占比要求。

(3) Cloud VR 业务通常为运营商自营业务,CDN 初期会按相对集中的方式分布,后续再逐步分布式部署。因此,其时延建议按省级集中 30ms 到分布到城域的 20ms 来进行要求。

(4) 在确定时延和带宽要求后,丢包率可以根据实测或理论推算得到。表 4-10 中 8K 丢包率要求为实测,其他为理论计算。注意:在 Cloud VR 弱交互的实现机制中,当前流量采用了 N(一般为 4)个 TCP 并发传输,在相同的带宽要求下,对网络丢包的要求相比 IPTV 单 TCP 传输可降低 N^2 级别。

2. 强交互业务关键指标要求

Cloud VR 强交互业务通常需要用户与虚拟环境进行互动,虚拟空间图像需对交互行为做出实时响应。它的体验要求主要包括终端分辨率、帧率、卡顿/跳帧次数、操作响应时长。另外,由于 Cloud VR 强交互业务仅渲染视野范围内的画面,转头时会出现黑边,因此还会多一个黑边面积占比的指标。其指标要求如表 4-11 所示。

表 4-11 Cloud VR 强交互业务关键体验指标要求

阶　段	终端分辨率	帧率	卡顿/跳帧次数	操作响应时长	黑边面积占比
当前	3K/4K	50/60f/s	0	<70ms	<7%
中期	8K	90f/s	0	<50ms	<5%
远期	16K	120f/s	0	<30ms	<5%

1) 分辨率

Cloud VR 强交互业务一般是实时渲染,很少会对 360°视野全部渲染,而是仅渲染视野范围的部分,一般为 110°或略大。即使这样,它也同样比传统 IPTV 的视场角要大,需要更高的分辨率才能获得等效的视觉效果。

Cloud VR 强交互业务的分辨率一般用终端的分辨率来表征，如3K终端、4K终端等，终端标识的分辨率为双眼分辨率，如表4-12所示。

表4-12　Cloud VR 强交互业务分辨率与普通大屏分辨率对比

Cloud VR			IPTV(60英寸电视，1.5m观看距离)		
终端分辨率	视场角	PPD	分辨率	视场角	PPD
3K	100°	15	480P	49°	14.7
4K	110°	18.6	720P	49°	22
8K	120°	34	1080P	49°	39
16K	120°	68	4K	49°	78

当前终端只能达到3K/4K水平，还需要一定时间才能进一步演进到8K/16K。

2）帧率

当前 Cloud VR 强交互的分辨率还处于3K/4K阶段，等效于标清效果，因此帧率因素还不是特别重要，普遍帧率为50～60f/s。未来分辨率进一步提升到8K/16K时，预计帧率会进一步提升到90f/s或以上。受限于屏幕尺寸、功耗等因素，帧率预计较难达到PC屏幕的144f/s。

3）卡顿/跳帧次数

与云游戏类似，如果某一帧游戏画面受到网络抖动等影响推迟到达，就会导致跳帧和卡顿现象。对于 Cloud VR 用户来说，卡顿/跳帧不仅会导致画面不稳、操作不灵敏等现象，还会让用户产生疲劳和眩晕感，因此零卡顿/跳帧是必需的要求。

4）操作响应时长

在 Cloud VR 游戏、教育等强交互应用中，当用户走动、转动头盔、扣动扳机或挥动手柄时，都希望能从视觉和听觉上获得快速响应，如果响应时延较长就会让用户产生迟滞感。

5）黑边面积占比

由于 Cloud VR 强交互业务没有渲染全视野画面，当用户快速转动头部时，视域中超出原画面内容的部分会显示为黑边或拖影，转动速度越快或云渲染流化时延越大，黑边拖影在用户视角内的占比也就会越大，用户感知越差，如图4-2所示。

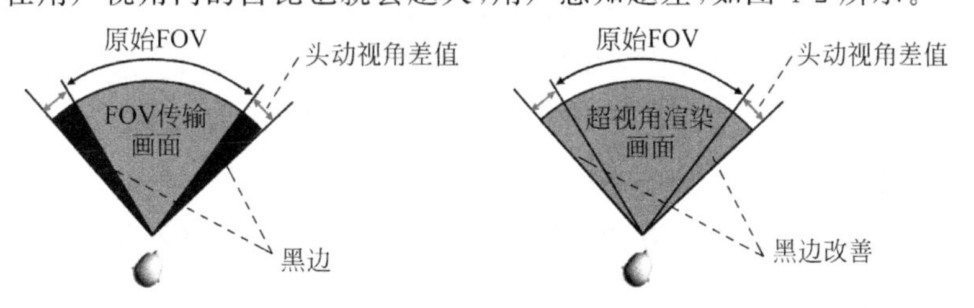

图4-2　黑边面积占比

为达到上述体验指标要求，网络对应的指标要求如表 4-13 所示。

表 4-13　Cloud VR 强交互业务对网络的指标要求

阶段	带宽	时延	丢包率	抖动
当前	80Mb/s 或 130Mb/s	＜20ms	＜1E－5	＜15ms
中期	540Mb/s	＜10ms	＜5E－6	＜10ms
远期	1540Mb/s	＜8ms	＜1E－6	＜7ms

（1）带宽主要与码率相关，其中 4K 终端分辨率对应的 Cloud VR 强交互业务码率一般为 65Mb/s，8K 终端分辨率码率预测为 270Mb/s 左右，16K 终端分辨率码率预测为 770Mb/s 左右。

（2）由于 Cloud VR 强交互业务按帧率生成实时渲染数据并下发，因此存在一定的数据突发。基于 3K 终端分辨率的实测结果表明，只要带宽≥2 倍码率即可较好地完成突发数据传输。

（3）推断后续的 4K/8K/16K 终端的要求需要更高。

4.2　下一代家庭网络架构

下一代家庭网络技术需要解决当前面临的核心问题，包括泛连接、超千兆接入及全光 FTTR 覆盖、智能化、端云协同。更大的带宽、更低的时延将使得 8K、在线游戏、AR/VR、在线教育和远程办公等业务大规模普及；更好的覆盖将使得家庭万物得以互联（IoT）。

下一代家庭网络架构如图 4-3 所示，包括如下几种。

（1）泛连接——EHT、BLE 蓝牙、超级蓝牙、UWB、ZigBee、Z-Wave 等。

（2）超千兆——10G PON、25G PON、50G PON、WiFi 6 等。

（3）智能化——家庭网关作为家庭中枢，未来融合语音、视觉、触摸等多种人机交互方式，通过 AI 感知、理解和决策能力，打造 F5G 时代的智慧家庭。详细包括 AI 视觉分析、AI 语音、WiFi 运动轨迹、AI 安全、环境感知等。

（4）端云协同：云加速网络、家庭家宽智能管理平台、家庭网络 IoT 云平台、5G FMC 固移融合等。

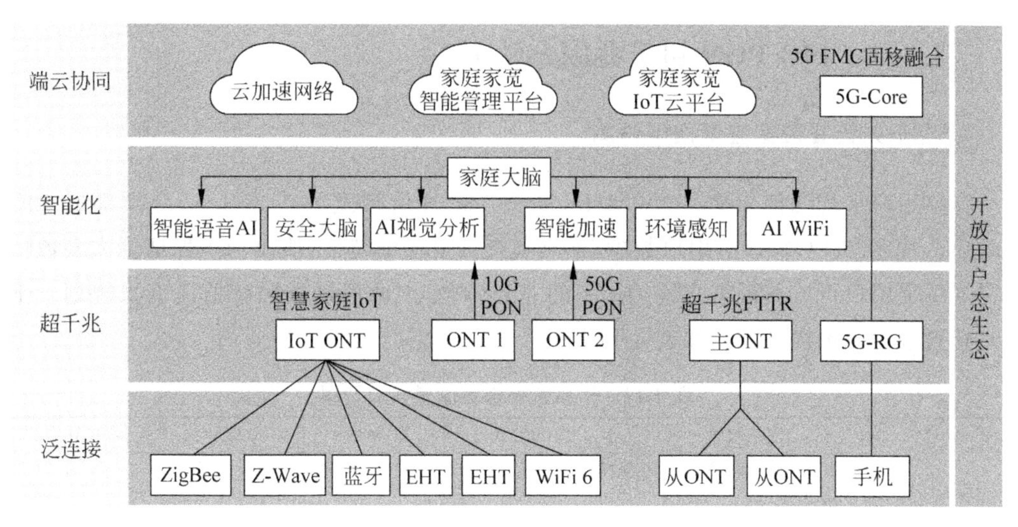

图4-3　下一代家庭网络架构

4.3　超千兆宽带

固定接入网正在从1G PON和WiFi 5演进到10G PON和WiFi 6,实现每秒千兆带宽入户的接入能力,未来5～10年的光纤接入网络将向如下几个方向发展。

1. 全光接入向末端延伸

OLT需要支持多种形态和灵活组网,以满足未来各类业务需求。光纤持续向末端延伸,FTTR超千兆接入到房间,实现房间内稳定的高带宽、低时延接入,FTTM支持光纤延伸至机器,FTTD支持光纤延伸至桌面。

2. 超宽接入

(1) 10G PON:速率为GPON的10倍。同时支持不同ONT速率组合:10Gb/s/2.5Gb/s(家庭客户)、10Gb/s/10Gb/s(高端家庭客户和政企客户)。

(2) WiFi 6:聚焦160MHz带宽、RU、1K QAM、Multi-link、Multi-AP协同等技术,提供10Gb/s以上速率并改善极端场景时延和抖动指标。

4.3.1 10G PON 超千兆固定接入

1. 千兆套餐带宽流量模型预测

单用户平均峰值带宽＞300MHz，高清 VR 峰值带宽为 4.4Gb/s，必须部署 10G PON。由于单 PON 口下用户数少，不具备统计复用的特性，所以为了保证绝大多数情况下每个用户可以获得符合签约速率的业务体验，因此可以按照峰值速率来规划。千兆套餐带宽流量模型预测如表 4-14 所示。

表 4-14 千兆套餐带宽流量模型预测

<table>
<tr><td rowspan="9">ITV 流量</td><td>套餐类型</td><td>1000Mb/s</td><td>500Mb/s</td><td>300Mb/s</td><td>200Mb/s</td></tr>
<tr><td>1000Mb/s 以上业务占比(高清 VR，3 路高清 4K)</td><td>5%</td><td>—</td><td>—</td><td>—</td></tr>
<tr><td>1000Mb/s 业务占比(标清 VR，3 路高清 4K)</td><td>10%</td><td>—</td><td>—</td><td>—</td></tr>
<tr><td>500Mb/s 业务占比(3 路高清 4K)</td><td>20%</td><td>40%</td><td>—</td><td>—</td></tr>
<tr><td>300Mb/s 业务占比(2 路高清 4K)</td><td>60%</td><td>50%</td><td>40%</td><td>—</td></tr>
<tr><td>200Mb/s 及以下业务占比(4K)</td><td>5%</td><td>10%</td><td>60%</td><td>100%</td></tr>
<tr><td>ITV 加权带宽</td><td>456</td><td>173</td><td>105</td><td>75</td></tr>
<tr><td>并发比</td><td colspan="4">60%</td></tr>
<tr><td>平均单用户流量/(Mb/s)</td><td>273</td><td>104</td><td>63</td><td>45</td></tr>
<tr><td rowspan="4">上网流量</td><td>上网并发比</td><td colspan="4">70%</td></tr>
<tr><td>流量占空比</td><td colspan="4">15%</td></tr>
<tr><td>上网业务加权带宽</td><td>640</td><td>370</td><td>240</td><td>200</td></tr>
<tr><td>平均单用户流量/(Mb/s)</td><td>67</td><td>39</td><td>25</td><td>21</td></tr>
<tr><td colspan="2">单用户总流量/(Mb/s)</td><td>341</td><td>142</td><td>88</td><td>66</td></tr>
</table>

2. 千兆套餐承载能力评估

千兆套餐承载能力评估如表 4-15 所示。

表 4-15 千兆套餐承载能力评估

PON 口类型	可用带宽	200Mb/s 套餐用户数	300Mb/s 套餐用户数	500Mb/s 套餐用户数	1000Mb/s 及以上套餐用户数
10G PON	8.6Gb/s	130	98	60	25
GPON	2.3Gb/s	35	26	16	7(不支持高清 VR)
EPON	0.96Gb/s	15	11	7	0

3. 超千兆接入网络改造

XG(S)-PON 口下挂 GPON/EPON ONT,可根据用户套餐需求灵活更换为 XG(S)-PON ONT。针对 EPON/GPON 网络,建议如下:

(1) EPON 200Mb/s 及以上套餐采用 XG(S)-PON ONT。

(2) GPON 1∶32 分光,500Mb/s 及以上套餐采用 XG(S)-PON ONT。

(3) GPON 1∶64 分光,300Mb/s 及以上套餐采用 XG(S)-PON ONT。

XG(S)-PON 技术提供千兆接入的手段,同时 WiFi 6 技术提供了 1Gb/s 到手机、PC 的接入,在家庭内提供极致的业务、下载、云备份极速体验成为现实。

4.3.2 WiFi 6 超千兆无线接入

WiFi 6 技术在家庭的应用,进一步验收超千兆宽带到家庭网络,实现真正的千兆到每一个房间的覆盖。

WiFi 6 1024-QAM 和 160Mb/s 频宽,速率提升 2.8 倍,2T2R 可支持峰值 2.4Gb/s 物理速率。

WiFi 速率演进如表 4-16 所示。

表 4-16 WiFi 速率演进

WiFi	—	—	—	WiFi 4	WiFi 5	WiFi 6		WiFi 7
标准	IEEE 802.11	IEEE 802.11a/b	IEEE 802.11g	IEEE 802.11n	IEEE 802.11ac	IEEE 802.11ax Release 1	IEEE 802.11ax Release 2	IEEE 802.11be
最大速率	2Mb/s	11Mb/s 54Mb/s	54Mb/s	600Mb/s	1.73Gb/s	9.6Gb/s	9.6Gb/s	46Gb/s
两发两收	NA	NA	NA	300Mb/s	866Mb/s	2.4Gb/s	2.4Gb/s	5.8Gb/s
频谱	2.4GHz	2.4GHz	2.4GHz	2.4GHz/5GHz	5GHz	2.4GHz/5GHz	2.4GHz/5GHz/6GHz	2.4GHz/5GHz/6GHz
时间/年	1997	1999	2003	2009	2013	2019	2022	2024

WiFi 6 产业已成熟:已验证超过 2 年,主流路由/手机支持,2019 年开始上量,2020 年是 WiFi 6 正式商用元年,如图 4-4 所示。

超千兆家庭网络改造通过使用支持 WiFi 6 的 10G PON ONT 实现 1Gb/s 到手机、PC 的接入,在家庭内提供极致的业务、下载、云备份极速千兆体验将成为现实。

图 4-4　WiFi 6 产业成熟

4.3.3　FTTR 超千兆到房间

全光 WiFi FTTR(Fiber To The Room,光纤到房间)是华为基于光纤网络提出的新一代家庭组网解决方案,其实质是光进一步走进房间,替代传统电力线、WiFi 和网线等组网。传统组网因带宽小、网络可靠性差导致的时延和抖动等缺点,无法很好地支持新业务应用和体验。FTTR 正是借助光纤本身体积小、质量轻、30 年超长寿命、不受电磁干扰、带宽无限演进等特性,为家庭组网演进提供了新的可能。顾名思义,光纤进房间,即将原有的家庭网络覆盖由原有的网线方案升级为光纤方案,结合 WiFi 信号调优,减少干扰和不必要的穿墙衰减,从而使带宽性能发挥到极致,好似每个房间都在独享一张光纤网络,实现一劳永逸,如图 4-5 所示。

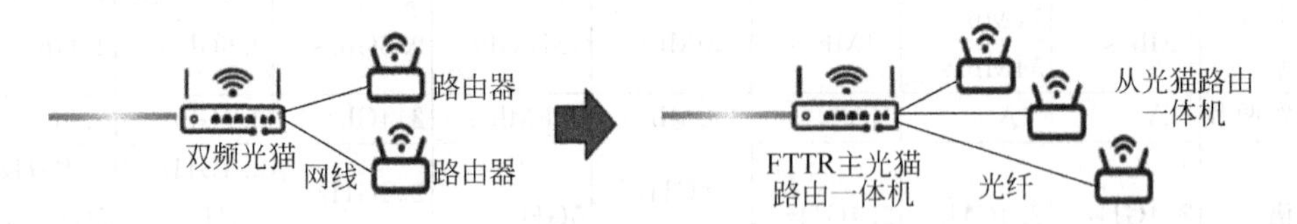

图 4-5　从家庭内网线组网到家庭内全光组网 *

构建一张全光家庭高速网络,对当前以及未来家庭的 AR/VR,远程教育 & 医疗、全息通信等应用快速落地铺平传输通道,全光网络带来的大带宽、低时延、低抖动、高可靠和低成本等已得到很多运营商的青睐。

* “猫”为 Modem 的中文俗称,在家庭组网中常用“猫”指代调制解调器。

1. 优势

1）全屋光纤组网

采用光纤替代传统方案的以太网线，光纤具有体积小、节省空间、成本低等优势。

以太网线主要采用铜线线芯，铜属于有色金属，资源有限。光纤的原材料为二氧化硅，二氧化硅来源于沙子，而沙子在地球上可谓取之不尽，用之不竭。

除了资源和成本优势外，如图4-6所示，光纤和以太网线相比，在典型速率、传输距离、质量、抗干扰能力、生命周期等方面都具有明显的优势。

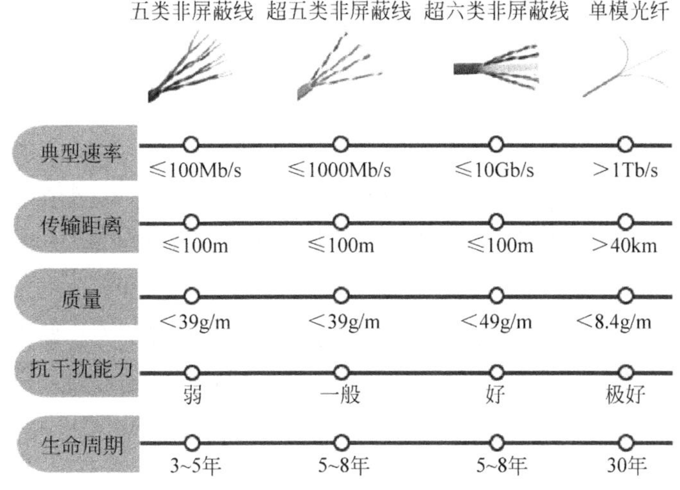

图4-6　光纤和以太网线的比较

2）WiFi 6无缝漫游 超千兆入房

(1) 160MHz频宽，空口速率高达3Gb/s。

(2) 无线参数自动同步，全屋一张网。

(3) 基于WiFi空口切片技术，高品质专属通道。

(4) 基于OFDMA技术，全家多终端，100+连接。

3）智运维

(1) 分段测速，30s快速问题定界。

(2) 一键检测，80%问题可远程定界，40%可远程修复。

(3) AI分析，自动识别11类家庭网络故障。

(4) 提升50%效率，减少30%上门服务。

2. 组网架构

全光 WiFi FTTR 解决方案组成部件：主/从光猫路由一体机、光网组件、家庭网络管理平台，全光 WiFi(FTTR)组网架构如图 4-7 所示。

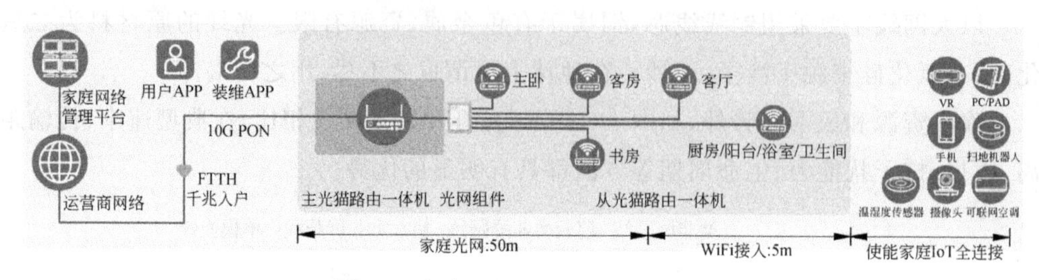

图 4-7　全光 WiFi(FTTR)组网架构

1）主光猫路由一体机

FTTH 组网中，光信号在 ONT 被终结。FTTR 架构下，光网络的末端进一步下沉到每个从光猫路由一体机，主光猫路由一体机起到“承上启下”的作用，将“光进铜退”延伸到各个房间。

主光猫路由一体机作为家庭网络中心，可以实现对所有从光猫路由一体机的统一管理和配置。全屋 WiFi 统一名称，双频合一，自动控制漫游切换，提升用户体验。

主光猫路由一体机下行除光接口外，也提供 GE 接口和 WiFi 6 接入，兼容在光纤不可达时提供替代接入方式，其主要规格如表 4-17 所示。

表 4-17　主光猫路由一体机主要硬件规格

接　口	规　格
上行光口	XG-PON/10G EPON 非对称
下行光口	短距光接入技术
下行以太口	4GE
下行 WiFi 接口	2.4GHz 2×2 IEEE 802.11ax(WiFi 6)＋ 5GHz 2×2 IEEE 802.11ax(WiFi 6)
语音口	1 POTS

2）从光猫路由一体机

从光猫路由一体机是 FTTR 解决方案中分布式部署在各房间的组网设备，通过光纤连接到主光猫路由一体机，向下提供 GE 和 WiFi 6 接入能力，是家庭终端的主要接入设备。

从光猫路由一体机工作在桥接模式，由FTTR主光猫路由一体机统一分配管理IP以及下挂设备的IP，使整个家庭构成一张统一的、可互通的局域网，家庭内各个从光猫路由一体机下接入的设备相互可以在超千兆带宽下实现投屏、文件分享等局域网互访等操作。从光猫路由一体机主要规格如表4-18所示。

表4-18　从光猫路由一体机主要硬件规格

接　口	规　格
上行光口	短距光接入技术
下行以太口	光插座/墙插 1GE 桌面形态 2GE～4GE
下行WiFi接口	2.4GHz 2×2 IEEE 802.11ax(WiFi 6)+ 5GHz 2×2 IEEE 802.11ax(WiFi 6)

3）光网组件

FTTR室内光纤网络的部署，既要考虑施工的便捷性、高效性，又要考虑室内装修的美观性，因此，需要设计专门针对家庭场景的光网组件。

(1) 室内专用超柔蝶形光缆：蝶形光纤两侧有纤维加强筋，可承受拉力达70～200N，能有效满足工程实施的穿纤要求。同时，该光纤采用G.657B3标准，最小弯曲半径为5mm，可灵活适应布线施工过程中常见的多种转弯角情形；光纤支持2.0mm×1.6mm超小规格，易于穿过常规门缝，可满足布线施工的过门场景。

(2) SC光纤接头：光纤的SC接头采用白色壳体加蓝色外壳的可分离设计形式。在穿管布线过程中，可拆除蓝色外壳，由于白色壳体强度增加、不易受损，使用白色壳体随牵引线可直接穿管，在穿管完成后再安装蓝色外壳，实现免熔纤。

(3) 光插座：光插座的作用类似网口面板，连接从光猫的光缆先连接到光插座，再由光插座通过跳纤连接到从光猫。光插座支持光缆盘存，解决光缆余长问题，支持86底盒安装，透明翻盖设计，既美观又起到安全防护作用，适合家庭场景使用。

4）家庭网络管理平台

家庭网络管理平台是家庭网络管理、控制、分析一体化平台，实现对用户家庭网络的远程管理，包括查看家庭网络信息、配置用户家庭WiFi网络、快速处理用户家庭网络问题等功能。

(1) 家庭网络问题可视。

支持AP常掉线、终端常掉线、终端无法连接WiFi、疑似陌生设备蹭网、终端上网速度慢、干扰大、终端信号差、配置问题、WiFi名称冲突、WiFi MAC地址冲突、网关常掉线、AP上联信号差、AP长时间离线、DNS高延时以及2.4G/5G无法漫游等故障自动识别。

(2) 家庭网络质量可视。

① 支持查看用户网络的联网状态、设备上下行实时速率、AP/终端上下行协商速率、在线状态、网关/AP下挂的设备数量，可支持7天拓扑历史回放。

② 支持查看网关、AP、终端设备信息，以及三者的拓扑结构。

③ 家庭360支持2.4G/5G网络质量(干扰、AP、覆盖、空闲占空比和连接数)评价；支持查看TOP质差时长和TOP质差占比。支持查看网关及终端速率、网关时延、网关及AP的CPU利用率。

④ AP 360支持AP评价关联分析，包括整体评价、AP指标评价以及父设备各个指标(网关/AP、空闲占空比、干扰、连接数)的关系。支持查看AP平均速率和CPU利用率。

⑤ 终端360支持链路质量关联分析，包括整体评价、评价指标(时延、丢包率)和本设备指标(覆盖、协商速率)以及父设备指标(AP、空闲占空比、干扰、连接数)的关系。支持查看终端平均速率和过去24h累计使用流量。

(3) 家庭网络故障定位。

① 一键检测：对家庭网络常见的干扰问题、覆盖问题、连接问题、设备问题、配置问题等7个维度，提供一键检测功能，针对检测结果，提供手工处理方式和改善建议，实现典型故障分钟级诊断，快速响应，提升用户满意度。

② 分段测速：支持根据拓扑图对家庭网络进行分段测速，定位家庭网络故障位置。

(4) 家庭网络配置与调优。

① 支持配置策略修复配置类问题及弹窗提醒用户自助修复的家庭网络潜在问题。

② 支持远程配置家庭WiFi SSID、启用家庭2.4G/5G漫游、重选信道等，优化家庭网络质量，提升用户体验。

(5) 家庭网络增值服务。

① 支持查看家庭用户增值业务能力统计信息及业务加速效果。

② 支持启用/禁用单个家庭增值业务。

(6) 家庭网络业务洞察。

支持查看家庭组网分布统计、终端类型统计、带宽承载能力和瓶颈评估、覆盖和漫游评估、应用承载能力评估及业务承载能力评估。

4.4　智能化

未来智能化的家庭网络，融合语音、视觉、触摸等多种人机交互方式，通过 AI 感知、理解和决策能力，通过 AI 感知业务，感知用户行为，打造 F5G 时代的智慧家庭，以家庭大脑作为未来社区智慧引擎，为家庭碎片化的信息提供重组的方向。

这些家庭智能化应用统称为家庭大脑应用。为了支持家庭大脑应用，智能网关应该具备边缘 AI 能力、边缘计算能力以及边缘的存储能力。数据在边缘处理，便于更好地保护用户隐私。

通过 AI、终端、人机交流系统，家庭大脑帮我们实现生活在线，实现智能生活。

家庭大脑应用场景如图 4-8 所示。

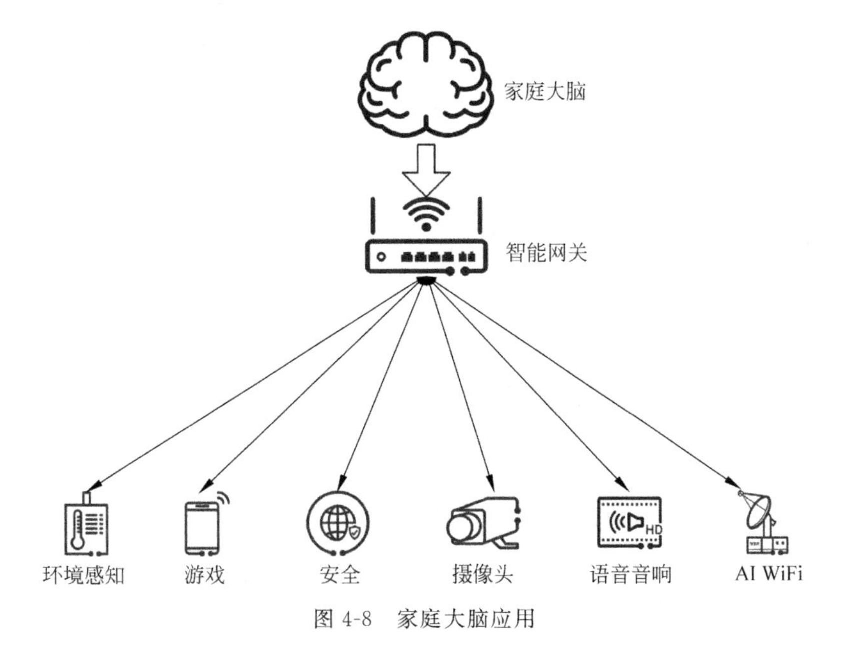

图 4-8　家庭大脑应用

(1) 智能加速——根据业务流特征识别家庭业务，如游戏、在线教育、在线办公、高清视频、直播等业务，针对这些具体业务进行加速。

(2) AI WiFi——入侵检测，基于 CSI 信息分析(多个 AP 间、AP 和 IoT 设备间)。

(3) AI视觉分析——支持人脸识别、入侵检测、人员徘徊等,通过边端联动,在资产安全、入户安全、家居安全、室内儿童/老人/宠物看护等实际应用场景中发挥作用,实现老人跌倒检测、儿童专注度检测、儿童爬高翻窗预警、被动红外安全探测等功能,守护每一个用户的美好家庭生活。

(4) AI安全——感知IoT设备业务特征和异常流量监测,支持安全IoT连接保障、摄像头安全防劫持、传感器防欺骗。

(5) AI智能语音——分布式AI、开放AI边缘算力(联邦学习)、解决处理延时问题和隐私问题。

(6) 环境感知——感知IoT设备行为,设备识别,业务智能推送。

4.4.1 家庭大脑架构

家庭大脑核心组成之一是智能家庭网关,智能网关具备智能化的中央控制模块,可搭载Harmony OS,拥有强大的AI引擎,具有各种家庭传感器接口(存储、IoT、WiFi、语音接口等),并支持高效率、大算力和多线程的能力,如图4-9所示。

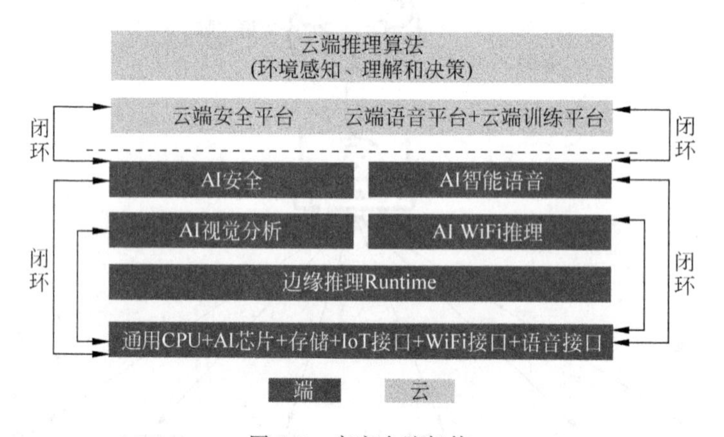

图4-9 家庭大脑架构

智能家庭网关支持轻量级边缘推理运行环境,支持各种家庭AI应用的执行和闭环。

4.4.2 智能加速

在家庭网络中,我们常常会同时接入游戏、视频、网页等多种业务。为了提升体验，大家首先想到的是提升带宽，由 100Mb/s 升至 200Mb/s。但发现玩游戏、在线视频时还是卡顿，这是为什么呢？实际上，带宽就好比我们道路的宽度，带宽越大代表我们在单位时间内道路通过的车辆越多，对缓解游戏视频卡顿有一定的作用。但卡顿的主要原因，往往是因为网络高时延导致。据权威机构发现，游戏视频体验除了网络侧的时延外，大多用户投诉主要在家庭 WiFi 侧，如网关高负荷、WiFi 干扰等。实时游戏时延分布如图 4-10 所示。

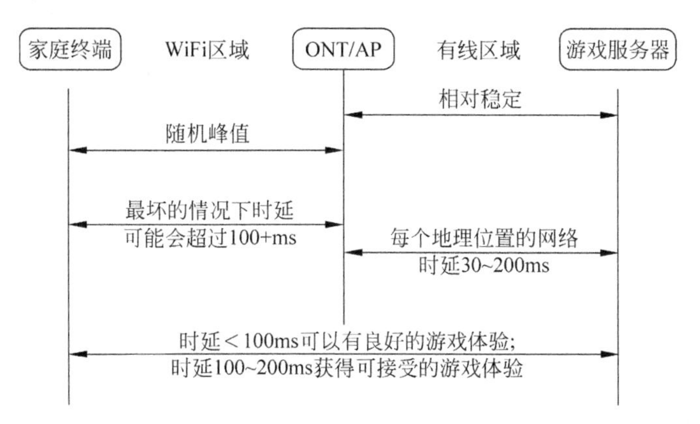

图 4-10　实时游戏时延分布

那么怎样在家庭侧提升游戏和在线视频体验呢？华为推出了 eAI（Embedded artificial intelligence，嵌入式人工智能）解决方案，针对在线游戏、在线办公、在线教育等场景提供智能识别和加速功能，保障这些业务的数据优先转发，大幅降低网络丢包和时延，给用户带来高品质体验。

eAI 业务加速原理：一级识别，两级加速。

1）eAI 业务智能识别

（1）ONT 通过 AI 模型库，完成在线推理，智能识别出价值业务。

（2）NCE AI 使能中心，支持在线更新 AI 模型库。

2）SoC 芯片加速

SoC 芯片增加网络处理器（NP），支持 WiFi 流量卸载，当网络堵塞时，优先处理价值业务流。

3）WiFi 空口加速

WiFi 切片和 WMM（无限多媒体）技术保障游戏、VR、视频优先转发，降低网络时延。

eAI 业务加速原理示意图如图 4-11 所示。

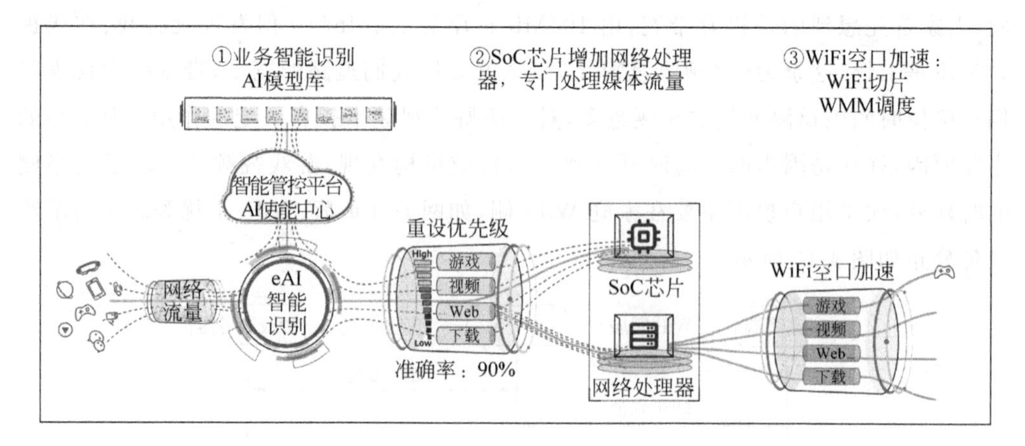

注：eAI技术与DPI（Deep Packet Inspection，深度包检测技术）不同，eAI不分析报文，不涉及个人隐私。

图 4-11　eAI 业务加速原理示意图

4.4.3　AI WiFi

1. 支持 WiFi＋雷达探测

通过 WiFi 信号多普勒机器学习算法来探测用户的运动轨迹。人类姿势识别是目前人工智能研究的热点，但是现有的大多数方法都使用光学成像来构建“可见”图像。你有没有想过有一天，我们可以像超人一样透过厚厚的墙看到一切？

通过检测 WiFi 的多普勒效应和运动信号的变化，可以定位目标物体，并获得物体位置和运动的变化。这种技术被称为 RF 捕获技术，其工作原理很简单，即 WiFi 信号对不同的物体有不同的反射特性。连接 WiFi 信号设备是根据不同物体的反射特性，通过分析将人体图像拼接在一起。

这种最新的人体姿势估计方法突破了只有光学成像才能用来估计头部、肩部、肘部等位置的限制。通过接收 WiFi 信号，从而达到“穿墙”估计人体姿势的目的。

这种方法的最大困难是如何找到 WiFi 信号和人体姿势之间的对应关系。如果是光学成像，很容易在图像上标记人体姿态。然而，人们看不到、摸不到或感觉不到无线信号，因此如何标记无线信号成为最大的问题。相关学者用巧妙的方法解决了这个问题。他们收集 WiFi 信号，也收集光学图像，标记光学图像，首先训练一个“图像-人体姿势”神经网络，然后让它成为一个“老师”，告诉“WiFi 信号-人体姿势”神经网络两者之间应该有什么映射关系，从而大大提高了准确识别目标的能力。

WiFi 多普勒成像原理示意图如图 4-12 所示。

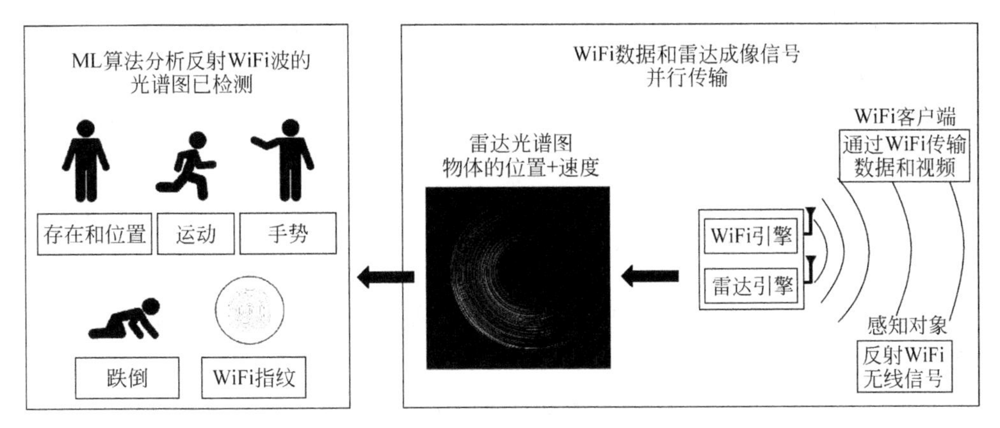

图 4-12　WiFi 多普勒成像原理示意图

2. 支持移动检测应用

WiFi 终端和人体在 WiFi 设备之间移动都会引起 WiFi 信道状态变化。基于这些信道的变化执行多普勒成像的机器学习算法推理，提供家庭内移动检测服务，如“安心”用户通知，确定离家或回家。未来可进一步提供一些智能应用，离家灯光、供暖自动感知；健康守护，老人跌倒检测等，AI WiFi 移动检测应用，如图 4-13 所示。

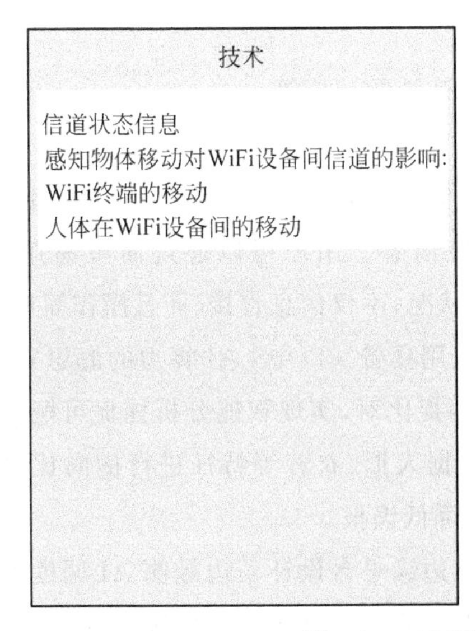

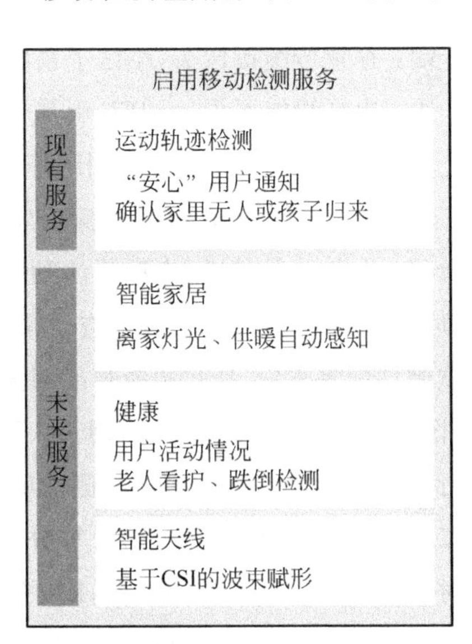

图 4-13　AI WiFi 移动检测应用

可通过用户 App 推送 AI WiFi 移动检测服务给用户。

(1) 智能网关 ONT 通过 App 推送 WiFi 用户轨迹收费订阅服务。

(2) 支持运动感知和入侵检测。

(3) 支持通过 App 控制,如关闭和开启、更改通知频率或调整运动检测的灵敏度,且相关数据保留天数可配置。

4.4.4 AI 视觉分析

AI 视觉分析是指通过"视频监控+AI 分析"实现从人防到技防,提高家庭用户体验和安全防护。

基于 IEF 智能边缘平台打造智能家庭摄像头应用如图 4-14 所示。

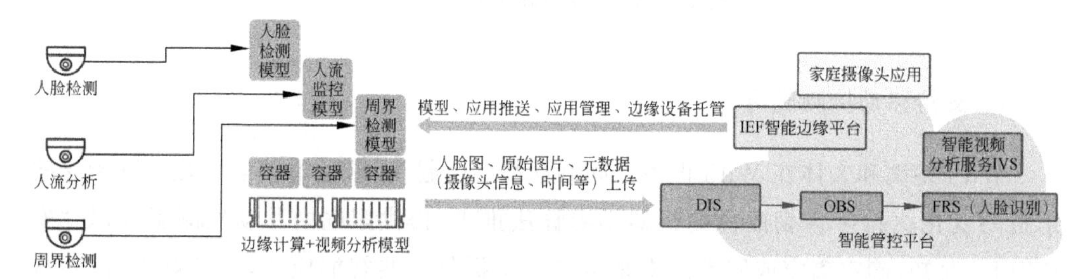

图 4-14 基于 IEF 智能边缘平台打造智能家庭摄像头应用

(1) 端:存量传统摄像头,小区子系统。

(2) 边:边缘智能网关 + IEF 引擎 + EI 视频分析等。

(3) 云:IEF 服务 + EI 视频训练等。

IEF 智能边缘平台具有强大的深度学习能力,通过场景规则引擎,对安防事件进行智能分级,并自动筛选出需要关注的可疑内容。用户可以通过简单易用的手机 App,随时随地接收安防事件提醒,查看家庭状况,不仅信息直接,而且操作简单。

在软硬件配置方面,IEF 边缘智能网关采用具备 xTOPS AI 算力的海思安防处理器,内置图像处理算法,能够支持人脸、人形捕捉比对,实现智能分析捕捉可疑行为,并对可疑行为实时预警。它还在边缘侧能够根据人形、衣着等特征进行横向比对,针对家庭场景,综合多路数据进行实时计算分析,降低误报。

针对边缘计算的硬件架构特点,IEF 智能边缘平台设计了边缘侧 AI 调度引擎,分层智能调用,从人脸、人形的基础检测跟踪到关键点提取和图像优选再到结构化特征提取比对,层层递进,最终实现了边缘侧单机多路 1080P 高清视频实时解码分析处理。

边缘智能网关应用包括以下几个方面。

(1) 实时处理：边缘侧对监控视频智能分析，实时感知入侵、人流量大等异常事件。

(2) 边云协同：实现边缘节点的统一管理和全生命周期管理。支撑全栈AI架构落地，云端训练，边缘推理，持续迭代。

(3) 开放架构：硬件、边缘计算平台、业务能力解耦，兼容传统摄像头，客户可灵活扩展方案，不断围绕场景丰富业务能力。

边缘智能网关兼容ONVIF、RTSP，支持上千种智能摄像机。它还支持集成红外对射，红外幕帘、人体感应等多种传感器设备，可以联动灯光、警报等报警设备，传感器事件和视频分析自动关联。IEF与边缘智能网关深度集成应用场景，如图4-15所示。

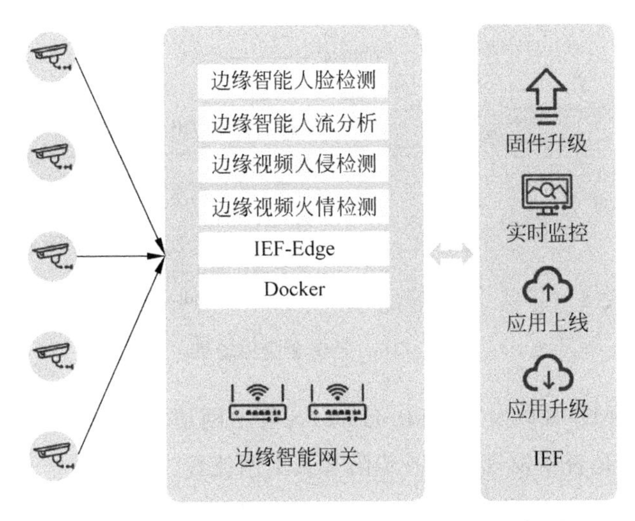

图4-15　IEF与边缘智能网关深度集成应用场景

(1) 低成本，相比于服务器+GPU方案，硬件成本降低60%以上。

(2) 高性能，基于业界领先的达·芬奇3D Cube架构，可提供超高的计算密度和极致高能效。

(3) 开箱即用，边缘智能网关、容器引擎以及IEF自注册软件，快速开局接入云端。

(4) 统一运维，边缘智能网关基础信息以及动态指标上报云端(包括CPU、AI芯片、网络、存储等信息)，云端统一运维。

4.4.5 AI 安全

1. AI 安全应用场景

基于 AI 的安全，主要是通过云计算服务、机器学习和移动应用来管理网络，保护用户的互联家庭环境免遭黑客攻击。云安全应用场景如图 4-16 所示。

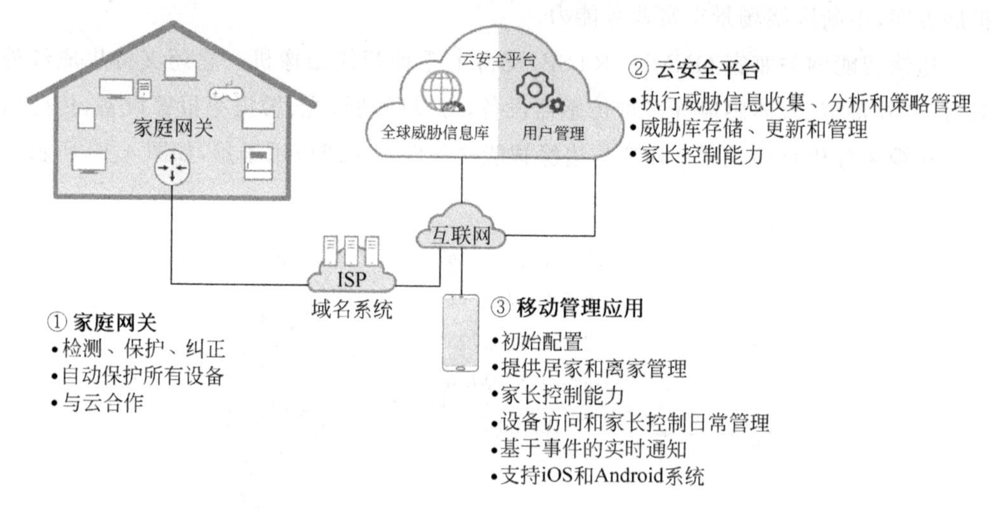

图 4-16　云安全应用场景

(1) 拦截上网 DNS 以及 HTTP/HTTPS 等上网请求，通过云端大数据分析判断网址安全性，确定是否下发规则进一步阻塞其上网流程。

(2) 支持终端设备流量监控。

(3) 支持家长控制(含儿童上网网址监控)。

(4) 支持内网设备漏洞扫描。

(5) 基于全球用户积累的大数据，准确率达到 95%。

(6) 云端三大数据库：恶意网址、IP 网址、病毒僵尸网址。

(7) CPU 占有率一般在 1%以内。

2. 家庭网络 AI 安全架构设计

支持灵活捕获策略下发、威胁检测、威胁告警、本地 SSDP 扫描等功能。家庭网络 AI 安全解决方案架构，如图 4-17 所示。

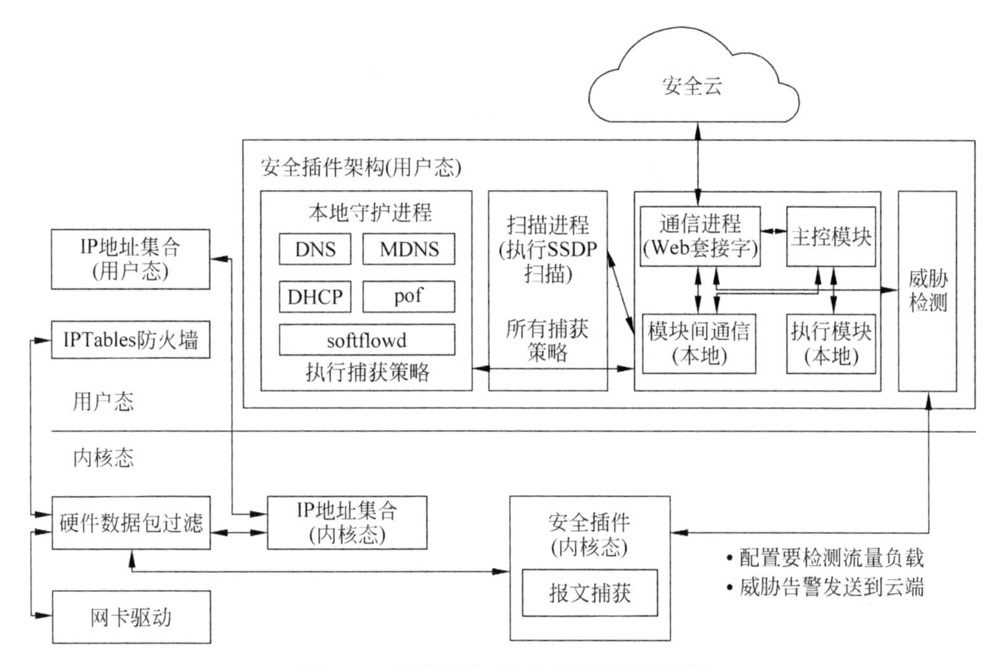

图 4-17　家庭网络 AI 安全解决方案架构

AI 安全架构包括两部分：家庭网关与云安全平台。家庭网关部分是 AI 安全执行的主体，通常嵌入到系统处理流程中，IPSet、IPTables 防火墙、业务报文捕获机制都需要使用它。网关安全插件配合云平台下发业务报文捕获的灵活策略下发，及威胁检测功能。云安全平台支持流量监测负载动态调整及威胁库在线更新，实现家庭网络安全的实时守护。

4.4.6　AI 智能语音

1. AI 智能语音介绍

AI 智能语音介绍如图 4-18 所示。

(1) 智能语音终端：语音前端，支持近远场拾音、本地唤醒词、语音反馈。

(2) AI 智能语音云平台：云端语音识别、语义处理、第三方服务调用、语音合成处理。

(3) 生态内容平台：提供视频、音乐、各种日常生活助理语音助手等第三方服务，如机票预订、天气、新闻、订餐、闹钟等服务。

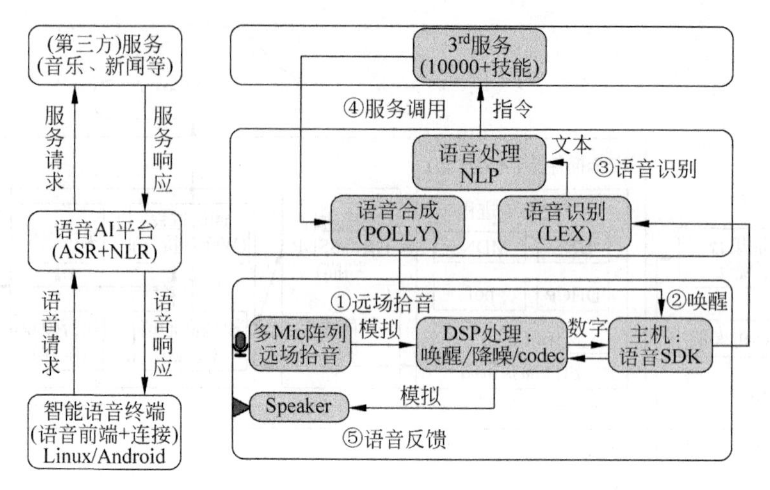

图 4-18 AI 智能语音介绍

2. AI 智能语音应用

运营商通过语音助手功能实现运营商业务智能化，包括运营商 IPTV、语音话单、用户报障、家长控制、电话会议、WiFi 运维等。AI 智能语音应用如图 4-19 所示。

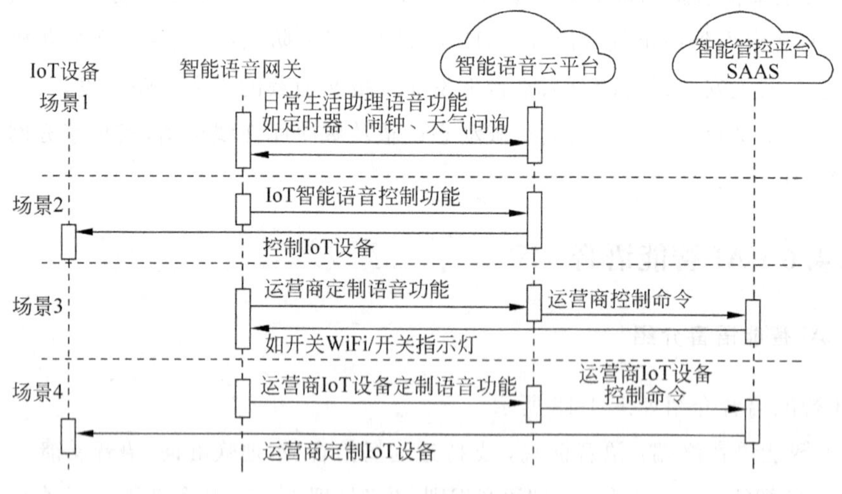

图 4-19 AI 智能语音应用

关键挑战如下：

(1) 分布式智能语音硬件平台，低成本 Speaker 和 Mic 硬件方案。

(2) 远距离拾音降噪技术。

(3) 支持多语音云平台架构、分布式拾音随选云平台技术。

(4) 需要寻找一个语音云平台集成供应商,打通内容侧。

3. AI智能语音技术

1) 自动语音识别(Automatic Speech Recognition,ASR)

技术的目标是让计算机能够“听写”出不同人所说出的连续语音,也就是俗称的“语音听写机”,是实现“声音”到“文字”转换的技术。自动语音识别也称为语音识别(Speech Recognition)或计算机语音识别(Computer Speech Recognition)。

2) 自然语言处理(Natural Language Processing,NLP)

人工智能和语言学领域的分支学科。在这些领域中探讨如何处理及运用自然语言;自然语言认知则是指让计算机“懂”人类的语言。自然语言生成系统把计算机数据转换为自然语言。自然语言理解系统把自然语言转换为计算机程序更易处理的形式。

自然语言处理的主要范畴如下。

(1) 文本朗读(Text to speech)。

(2) 语音合成(Speech synthesis)。

(3) 语音识别(Speech recognition)。

(4) 中文自动分词(Chinese word segmentation)。

(5) 词性标注(Part-of-speech tagging)。

(6) 句法分析(Parsing)。

(7) 自然语言生成(Natural language generation)。

(8) 文本分类(Text categorization)。

(9) 信息检索(Information retrieval)。

(10) 信息抽取(Information extraction)。

(11) 文字校对(Text-proofing)。

(12) 问答系统(Question answering)。

(13) 机器翻译(Machine translation)。

(14) 自动摘要(Automatic summarization)。

(15) 文字蕴含(Textual entailment)。

4. AI智能语音架构

1）硬件架构

语言硬件架构如图 4-20 所示，基础硬件要求如下。

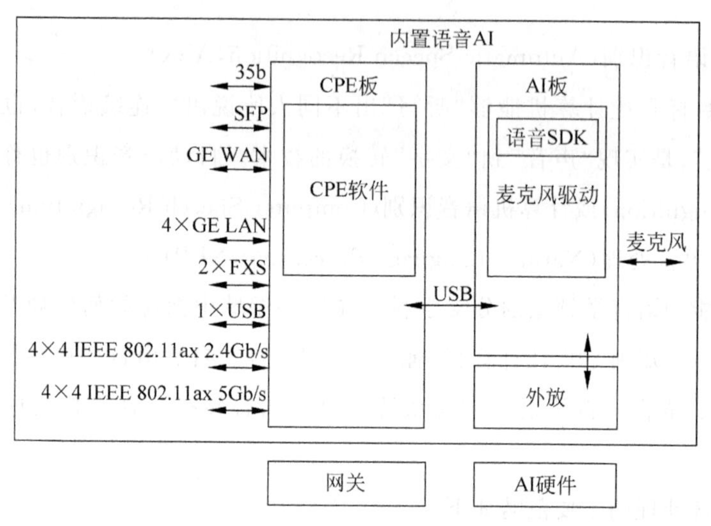

图 4-20 语音硬件架构

（1）多 MIC 阵列：支持远场拾音。

（2）speaker：扬声器。

（3）DSP 处理芯片：语音编解码、唤醒、语音降噪处理、本地声纹识别。

2）软件架构

语音软件架构如图 4-21 所示，关键技术如下。

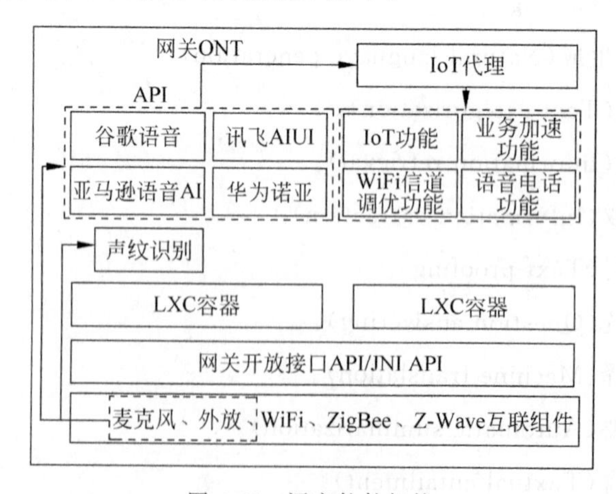

图 4-21 语音软件架构

（1）网关 LXC 多容器支持——多语音云平台隔离，安全隔离。

（2）对接多云平台——NLP、意图识别、知识图谱，提供跨平台语音运营。

（3）本地语音识别/意图识别——网关设备管理、操作、下发指令。

（4）华为设备独有 SKILL——基于华为独有特性、AI 应用加速、安全能力、语音通话能力开发。

（5）云云对接：家庭网络管理云和支持智能语音识别服务的第三方云协同，通过云云对接来实现家庭网络内智能语音识别功能。

4.4.7　环境感知

构建设备-设备、人-设备之间的自动感知能力，完成从硬连接到智慧连接的转变，实现本地服务智能推送。业务感知和智能推荐如图 4-22 和表 4-19 所示。

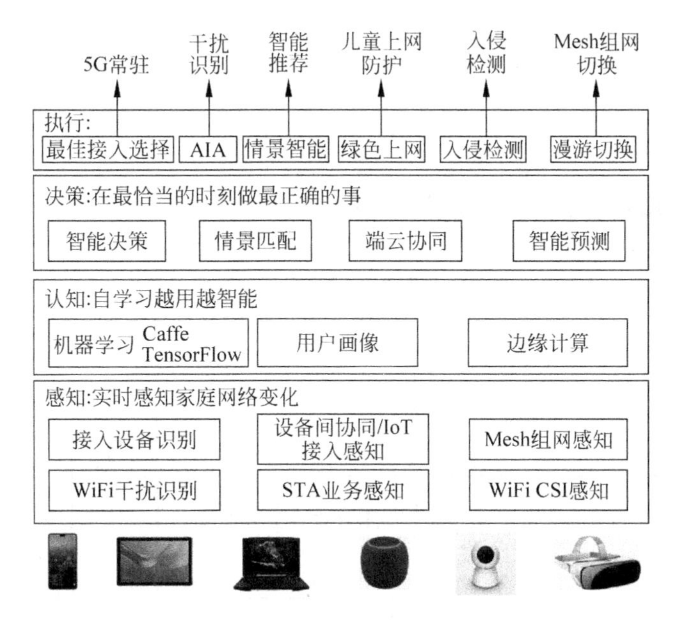

图 4-22　业务感知和智能推荐

表 4-19　环境感知

特　　性		描　　述
感知	接入设备识别	识别市面上 80%的终端品牌、品类和型号
	WiFi 干扰识别	非 WiFi 干扰识别
	Mesh 组网感知	组网拓扑收敛时间降低到 15s，漫游切换时间从 10s 降到 1s
	WiFi CSI 感知，多普勒雷达	入侵检测，运动检测

续表

特性		描述
感知	设备间协同/IoT 设备接入感知	① IoT 设备感知 ② 网关和智能语音设备协同实现家庭语音智能化应用
决策	智能决策	STA 优先常驻 5G 算法,支持 SSID steering
	情景匹配	① IoT 专属通道(ATF、降速、调优,支持稳定连接) ② 多设备感知业务编排本地 IFTTT(入侵检测→摄像头→报警)
	智能预测	基于用户画像进行业务洞察和业务本地化智能推荐
认知	机器学习	① 学习用户行为习惯(业务流量模型、用户行为习惯) ② 干扰识别,WiFi CSI 推理

4.5 智慧家庭 IoT

4.5.1 IoT 物联行业标准现状

技术众多,缺乏统一标准,参与者各自为战,市场严重碎片化,IoT 物联行业标准如图 4-23 所示。

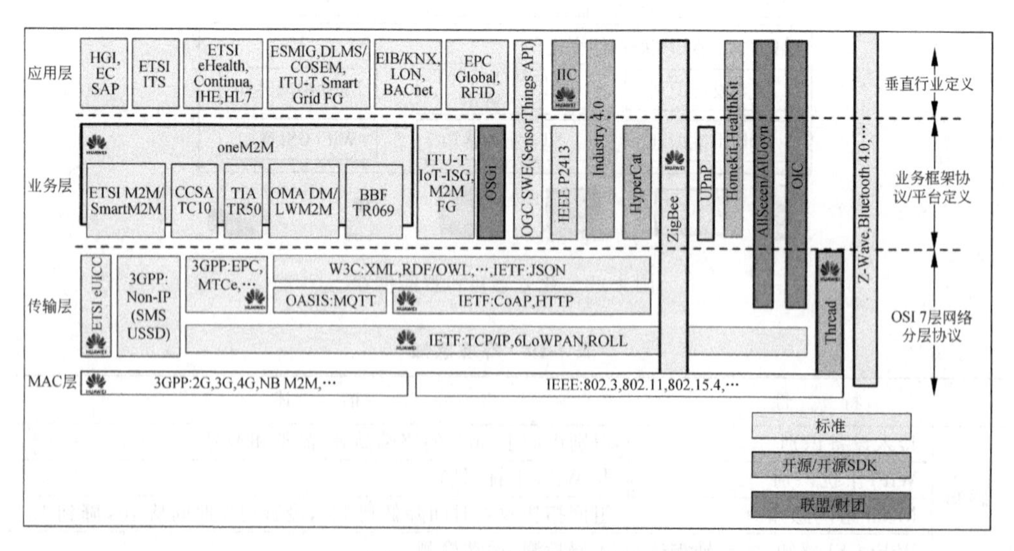

图 4-23 IoT 物联行业标准

（1）缺乏统一的物联网行业标准，无法实现智能联动。各个厂商都在用自己的私有协议定制自己的设备。消费者购买不同厂商的产品时不得不搭配不同的物联网关，安装各自的手机App，操作烦琐，无法联动。

（2）家庭物联生态圈尚不成熟。家庭物联设备厂商，系统集成商，平台/服务运营/服务提供商各自为政，完善的、公认的生态系统还没有出现。

（3）物联通信技术缺乏统一标准。ZigBee、Z-Wave、蓝牙、WiFi等各有优劣；ZigBee应用层厂家私有协议影响互通。

4.5.2　IoT物联技术

IoT物联技术比较如表4-20所示。

表4-20　IoT物联技术比较

物联技术	NFC/RFID	蓝牙	类ZigBee	Z-Wave	WiFi	低功耗WiFi Halow	低功耗WiFi LR/LP
标准	ISO/IEC18092	IEEE 802.15.1	IEEE 802.15.4	ITU-T G.9959	IEEE 802.11	IEEE 802.11ah	IEEE 802.11ax
频率	13.56MHz	2.4GHz	2.4GHz	Sub-1GHz	2.4GHz/5GHz	Sub-1GHz	1～6GHz
组网	点到点	星形	Mesh	Mesh	星形	星形	星形
发射功率	～0	≤20dBm，4.0低功耗1%～50%	1mW即0dBm，≤20dBm	1mW即0dBm，≤20dBm	100mW/20dBm	典型：5mW，≤30dBm	—
传输距离	～20cm	～10m	～100m	～300m	～100m	～1km	—
互通性	互通性好	PHY和MAC互通好，应用层有风险	PHY和MAC互通好，应用层有风险	互通性好，但频段各国不同	互通性好	—	—
节点数/个	1	7	理论值为65535，实际值大于400	理论值为232，实际值为100左右	32～512	2048	>512
传输速率	424kb/s	1～24Mb/s	20～250kb/s	9.6～100kb/s	6.9Gb/s	150kb/s～78Mb/s	—
功耗	无源	低	低	低	高	低	低

续表

物联技术	NFC/RFID	蓝牙	类 ZigBee	Z-Wave	WiFi	低功耗 WiFi Halow	低功耗 WiFi LR/LP
应用场景	物流、零售、公众服务、安防	可穿戴、保健设备及耳机、音箱、键鼠等,适合手机点对点传输	家庭、工业的小流量互连	家庭小流量互连	大流量互连	家庭或长距小流量互连	家庭或长距小流量互连

4.5.3 各物联协议的网络层次对比

各物联协议网络层次对比如图 4-24 所示。

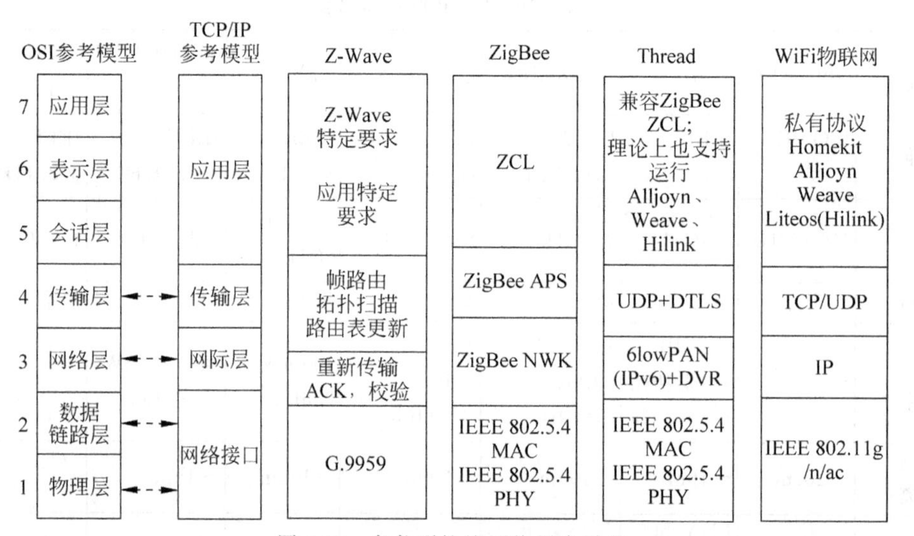

图 4-24 各物联协议网络层次对比

非 IP Mesh IoT 网络和简化 IP Mesh IoT 网络分别如图 4-25 和图 4-26 所示。

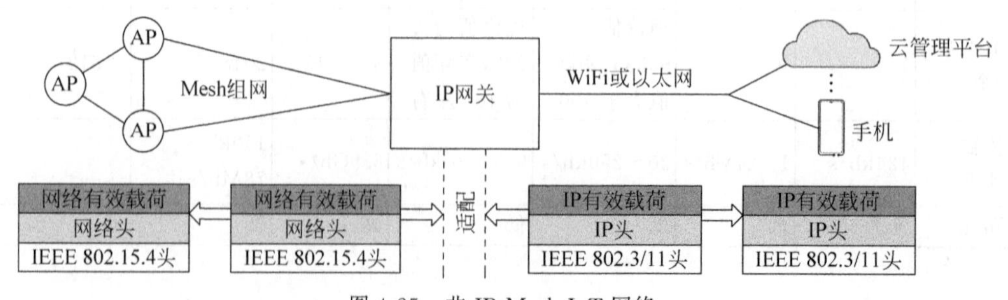

图 4-25 非 IP Mesh IoT 网络

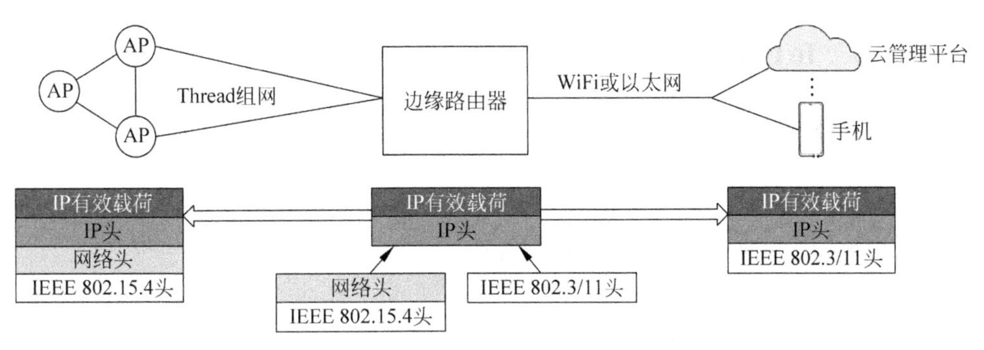

图 4-26　简化 IP Mesh IoT 网络

Z-Wave、ZigBee 网络/传输层和应用层不解耦。WiFi 和 Thread 是解耦的。ZigBee 可演进到 Thread 实现解耦。

4.5.4　IoT 物联软件架构

智慧家庭 IoT 网络架构包括端、管、云，从生态上来看，IoT 网络架构上需要考虑：全开放模式、硬件独立业务整合模式、基于主流标准互通模式，不同的模式对 IoT 网络架构的要求不同。从未来一致 IoT 的体验的要求来看，基于主流标准互通模式会成为趋势。

智慧家庭 IoT 网络架构如图 4-27 所示。

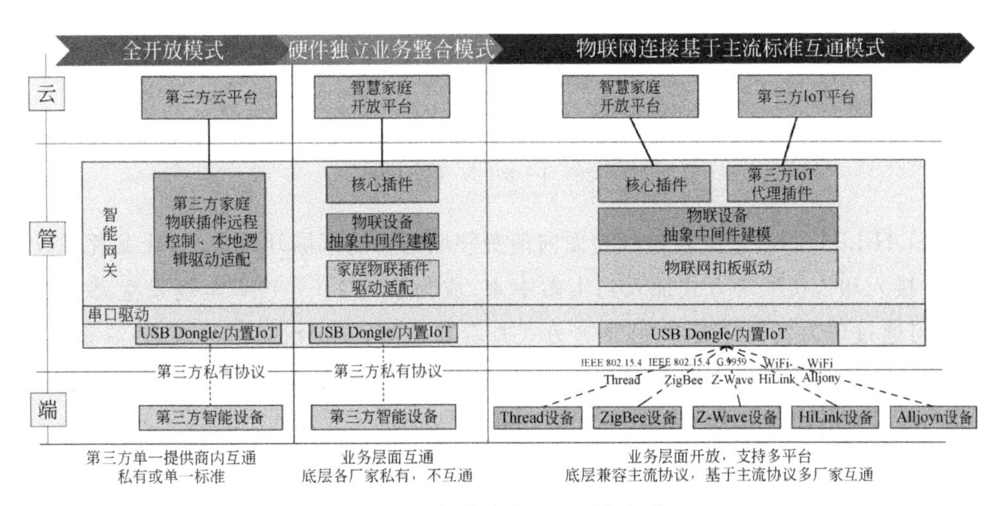

图 4-27　智慧家庭 IoT 网络架构

4.5.5 IoT 新趋势

1. IoT 新趋势之一

华为提出 $1+8+N$ 生态战略，提供家庭接入设备一致体验，典型的生态有 HiLink、HiShare 和鸿蒙生态，如图 4-28 所示。

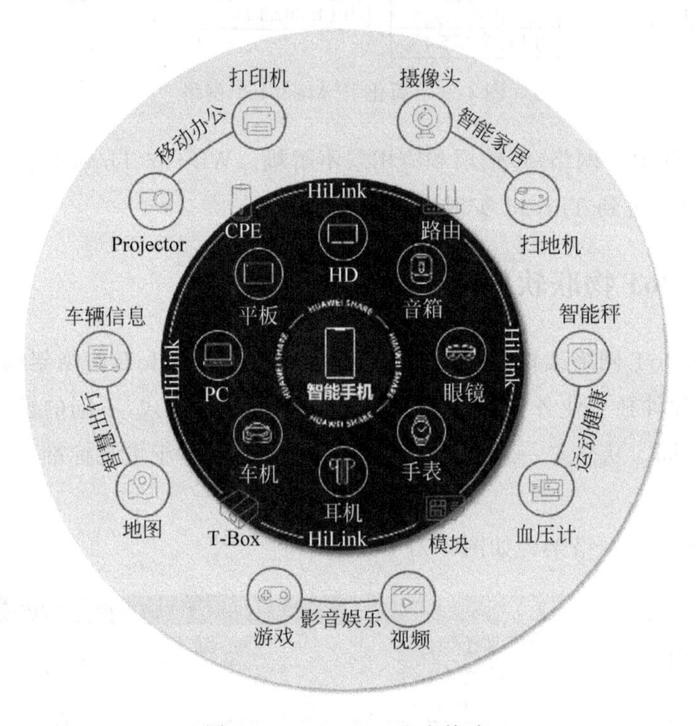

图 4-28　$1+8+N$ 生态战略

(1) HiLink 和鸿蒙生态是华为面向消费领域的智能家居开放生态，开发者可以通过硬件接入和云接入等方式加入到生态中来，成为华为 $1+8+N$ 全场景生态的重要部分，可通过华为各种终端界面/语音方式查看和控制。平台提供云、端、边缘设备、芯片 4 个维度的整体解决方案与多种开发、调试工具，为开发者大大提高接入效率。华为愿与生态伙伴一起为华为 3 亿+用户构建高品质的全场景生活体验。

(2) Huawei Share 提供一致的家庭多屏共享体验。

2. IoT 新趋势之二

苹果(HomekKit)宣布与 Amazon(ZigBee)、谷歌(Weave)一起制定了智能家居的相关标准——“基于IP的互联家庭项目”(Project Connected Home over IP),用户的新智能设备可以更加快速地进入HomeKit。

(1) 智能家居从无序走向标准化,强调产业链合作,OTT通过强大的平台数据能力来为用户服务。

(2) 家庭IoT设备智能感知应用和语音AI应用在持续进行场景化探索,目前仍然处于培育应用阶段,如AI视觉、环境感知。

(3) 设备间协同,一个账号在内容上形成多屏一致体验。

4.6 端云协同

为了满足不同业务SLA的要求,新的网络架构需要支持网络切片,通过网络切片技术实现不同业务的SLA保障。网络切片方案涉及端、边、管、云多个网元协作,即我们所说的“端云协同自动化”,应能同时满足业务的即插即用、业务随选和业务自动化要求,如图4-29所示。

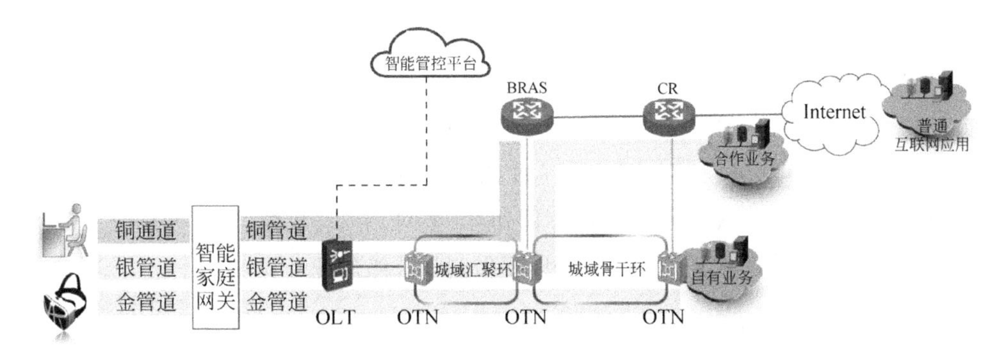

图4-29 端云协作自动化

未来端云协同还包含了5G固移融合架构,固定接入和无线接入在边缘MEC会合,提供统一的一致接入和承载体验。

不同切片满足不同应用的体验要求,金、银、铜管道形象地代表了家庭内不同类型业务对网络SLA要求,如表4-21所示。

表 4-21　金、银、铜管道对网络 SLA 要求

业务类别	保障带宽/(b/s)	时延	丢包率	抖动	支持的应用
金管道	200M～1G	<10ms	1E－6	<10ms	8K、极致 VR
银管道	100M	<30ms	1E－5	<30ms	4K、游戏、教育、办公
铜管道	无	10～300ms	1E－4	—	上网、社交、购物

4.6.1　家庭网络业务切片

1. 网络业务切片逻辑架构

网络业务切片逻辑架构如图 4-30 所示。

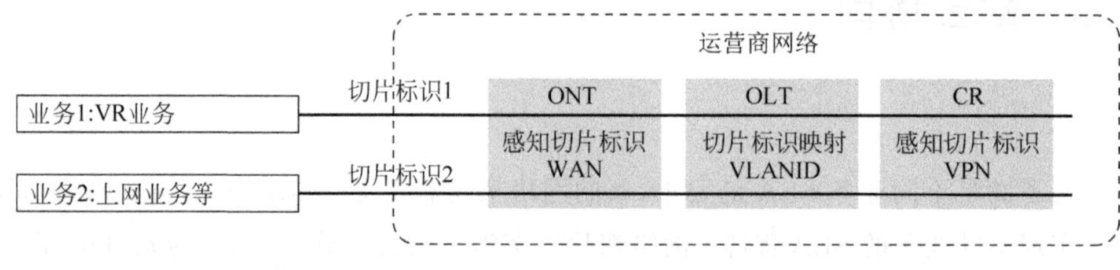

图 4-30　网络业务切片逻辑架构

2. 网络业务切片设计原则

(1) 一个切片可包含多个用户,如一个家庭支持多路 VR 业务。

(2) 一个终端的不同 App 可以归属于不同的业务切片。

(3) 一个终端可以只对应一个切片(如 Cloud VR 业务)。

(4) 一个终端不同 App 可以对应不同切片(上网、游戏、教育、办公等)。

(5) 不同业务需要的 SLA 不同,所以要做到切片级的业务调度。

3. 家庭智能网关切片

1) 家庭网关多虚拟 WAN 口

家庭网关多虚拟 WAN 口支持高价值业务差异化承载,可规划单独的 WAN、单独 VLAN、单独的 SSID 来支持高价值业务接入,如图 4-31 所示。

2) WiFi 6 切片

WiFi 6 切片实现在家庭网络内 WiFi 基于业务应用的加速,对不同业务规划不同的 RU 分片。

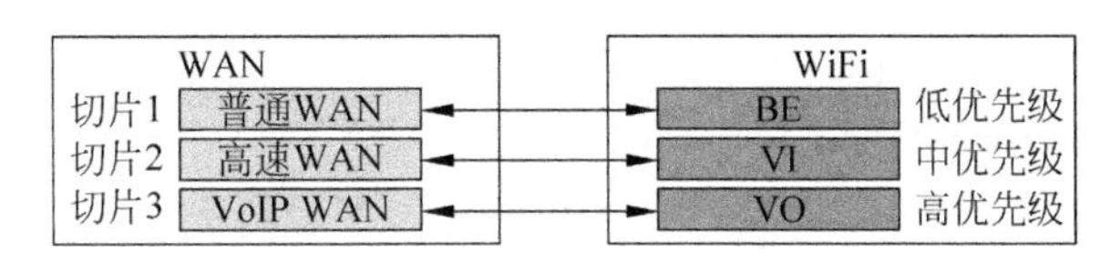

图 4-31　家庭网关多虚拟 WAN 口

(1) 频谱共享-切片级优先级调度(QoS) 如图 4-32 所示。

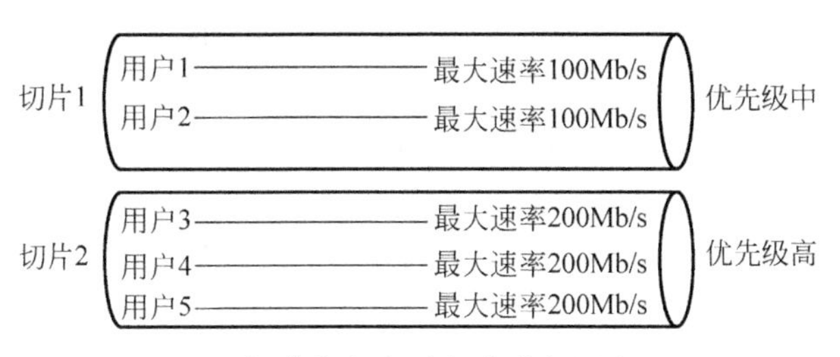

图 4-32　频谱共享-切片级优先级调度(QoS)

在目前 WiFi 6 和 WiFi 5 的 STA 大量共存的场景中,WiFi 空口频谱资源被所有 STA 共享使用,对于该场景,可以通过切片级优先调度来保证业务体验。

对于 VR 业务切片,进入 VI 中优先级队列,来保证 VR 业务优先调度,从而获取最低时延。

(2) 切片级资源预留如图 4-33 所示。

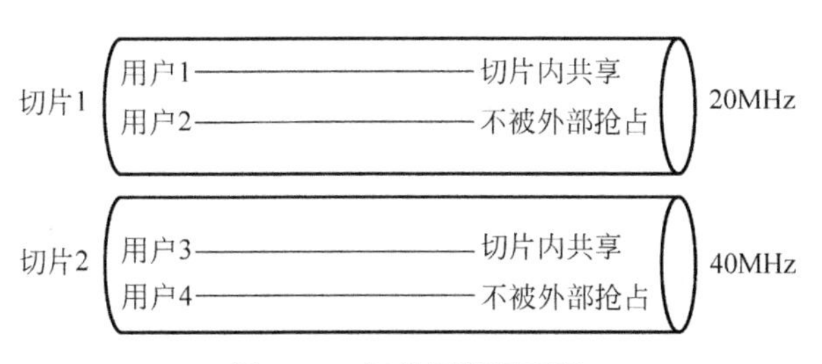

图 4-33　切片级资源预留

ONT 为不同的切片分配独享频段,如 VR 业务,建议分配独享的 40MHz 频段。

归属在一个切片中的多个 STA 共享这个独享频段。

针对切片业务中业务进行流量监测,如果该业务切片没有业务流量,该切片频段资源可动态释放给其他切片使用。

(3) WiFi 6 切片粒度规划建议,如图 4-34 所示。

切片业务	切片属性要求	WiFi 6切片模板			
		单流流量	WMM等级	RU分配	MCS
OTT游戏(加速)	小带宽、极低时延	<10Mb/s	AC_VO	RU_52 (4MHz)	5
VR游戏/VR点播/VR直播	大带宽、确定时延、低丢包	>200Mb/s	AC_VI	RU_484 (40MHz)	7
上网	大带宽	>50Mb/s	AC_BE	RU_106 (8MHz)	10
智慧家庭	大连接数(IoT)	流量极低	AC_BK	RU_26 (2MHz)	4

切片1# 8MHz 2×RU_52
切片2# 80MHz 2×RU_484
切片3# 40MHz 5×RU_106
切片4# 30MHz 15×RU_26

图 4-34　WiFi 6 切片粒度规划建议

4. 业务随选

业务随选支持业务加速自动化即插即用。网关支持自动识别业务应用，识别出高价值业务后映射到高速的虚拟 WAN 口，从而实现业务的自动随选。家庭业务随选隧道方案，如图 4-35 所示。

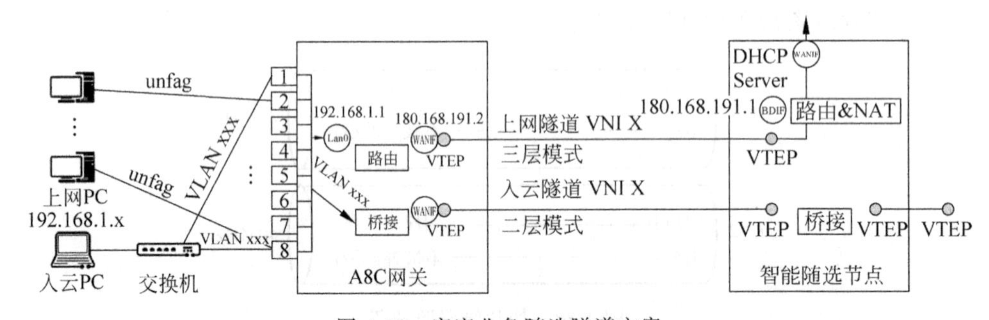

图 4-35　家庭业务随选隧道方案

(1) 业务识别的方法可以是 AI 方式或目的 IP 列表等方式，针对识别后的业务，可以配置不同的转发策略，进入不同的 SLA 承载隧道，从而达到网络承载差异化 SLA 的目的。

(2) 智能网关支持各种隧道协议，如 VXLAN、IPSec、Socks5、L2TP。和云端 BNG、VSGW 等网元协同实现业务的差异化承载。

5. OLT及承载网络

(1) 金管道：PON+OTN端到端切片，支持高价值业务一跳入云。

(2) 银管道：OLT部署HQoS，协同承载网提供高优先级保障能力。

4.6.2　5G固移融合FMC

BBR宽带论坛在TR-470标准中定义了5G固定移动融合架构。

5G FMC固移融合标准中定义了4个应用场景，包括FWA-固定无线接入、固移融合5G Core、混合接入以及混合多制式接入。

1. FWA-固定无线接入

对许多运营商来说，5G固定无线接入融合是网络架构的下一代演进方向。

许多无线运营商缺少光纤和铜线资源，非常希望使用固定无线接入来提供家庭宽带。此外，运营商也希望将固定无线接入作为企业业务关键的解决方案和宽带故障逃生手段，当宽带有线接入失败或中断时，给用户提供无线宽带备份。对于一些灾害场景，在受灾地区部署无线CPE可以快速恢复宽带服务。基于以上需求，5G核心网提供了固定宽带服务。

传统的宽带网络网关(BNG)和无线5G核心网都为宽带用户提供网络接入服务。但是，提供的网络服务和用于网络服务的协议大不相同。例如，IPTV组播历来不是通过无线提供的服务。为了解决这些问题，BBF与3GPP密切合作，3GPP在5G R16版本中定义了固定无线接入解决方案。BBF标准中定义了固定无线接入架构，通过固定无线接入在有线上提供宽带服务，包括：

(1) 高速互联网服务。

(2) VoIP。

(3) 通过IP组播实现IPTV。

固定无线接入的架构如图4-36所示。

2. 固移融合5G核心网

可部署的FN-RG家庭用户场景包括ONT光终端、DSL调制解调器和CM同轴调制解调器。

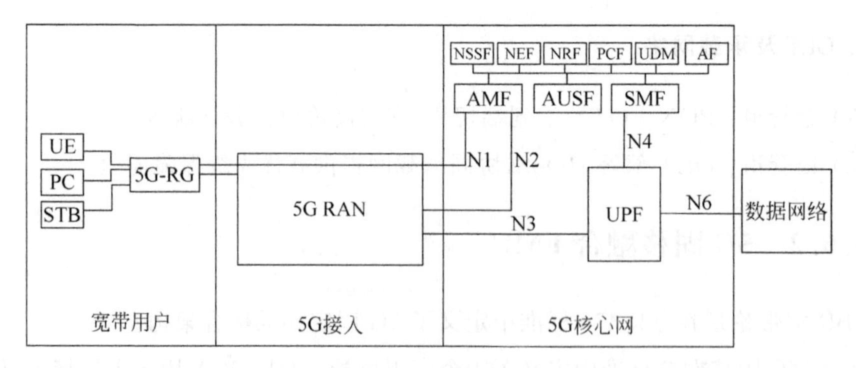

图 4-36　固定无线接入的架构

如图 4-37 所示，用户设备在 FN-RG 和 NG-RAN（基站）之间移动切换，访问服务不会受影响，用户设备将继续由与 5G 核心网服务分开的 EPC 核心网提供接入服务。

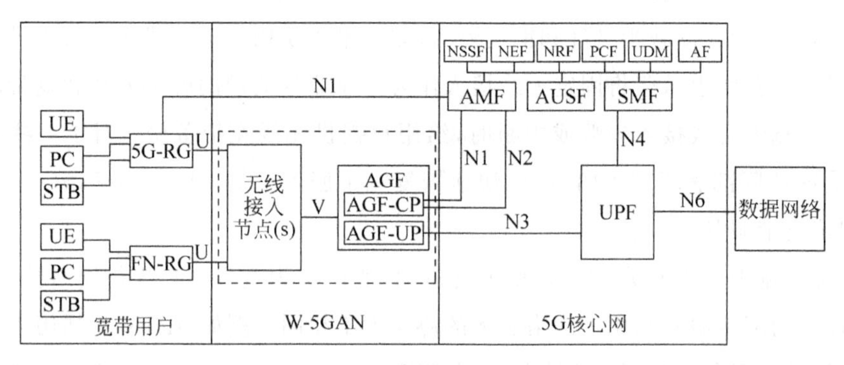

图 4-37　固移融合 5G Core 架构

用户设备（UE、PC 和 STB）通过 5G-RG 或 FN-RG 以及 W-5GAN 接入 5G 核心网。5G-RG 不是通过 NG-RAN 连接，而是通过有线接入到 W-5GAN 节点。

W-5GAN 由无线接入节点和 AGF 网关共同组成。W-5GAN 可部署在如下网元：OLT 光纤接入系统、DSLAM 系统、CMTS 接入系统。

AGF 分为控制平面 AGF-CP 和用户平面 AGF-UP。在 WT-458 中规定控制平面 AGF-CP 和用户平面 AGF-UP 可以分离。

AGF 与 5G 核心网的接口包括 N1/N2/N3，其中 N1 应用于自适应会话模式场景，N2 是控制面接口，N3 是用户面接口。这些在 3GPP 标准有详细定义。

5G-RG 支持 N1，并通过 W-5GAN 承载。5G-RG 之间的 N1 消息通过有线在

AMF和AGF之间传输。

对于FN-RG，AGF支持N1接口，并代理FN-RG生成到AMF的NAS信令。

融合的5G核心网用于交付传统有线核心网提供的功能以及潜在的新5G服务。

3. 混合接入

混合接入(Hybrid Access)是指5G-RG通过3GPP接入和非3GPP接入两种方式来通过有线接入到5G核心网，如图4-38所示。

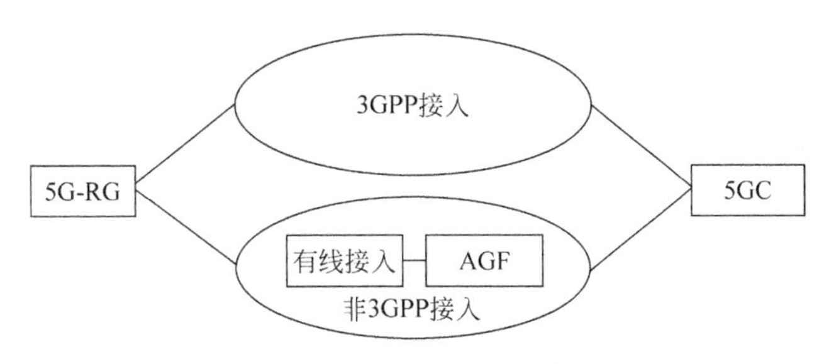

图4-38 G-RG混合接入的架构

通过两个接入网通道来增加5G核心网可提供的带宽，在故障场景下也可以保障网络服务的连续性。3GPP接入可用于NG-RAN (5G)或E-UTRAN (LTE)。

5G融合核心网用于管理无线和有线会话，这与以前混合接入相关的BBF规范不同(TR-348和TR-378)。

多模接入到5G核心网，主要应用于主备场景，会话隧道可在多模间动态切换。

4. 多制式接入

多制式接入(Multi-Access)PDU会话提供PDU连接服务，该服务同时提供3GPP接入和非3GPP接入。5G-RG的多接入PDU会话使用相同的SMF和UPF。

MA PDU和ATSSS功能允许动态添加和删除会话，当两个会话同时存在时支持下面几种工作模式。

(1) 主备模式：当主会话不可用时，支持将数据流流量从主会话切换到备会话。

(2) 最小延时模式：支持将数据流流量切换到确定的具有最小往返时间(RTT)的会话上。RTT测量值可被UE和UPF获取，通过特定的3GPP测量方法来确定3GPP接入和非3GPP接入的RTT。

(3) 负荷分担模式：它用于定义百分比(例如,3GPP上的 $X\%$ 和非3GPP接入上的 $100-X\%$)。如果一个会话不可用,那么所有流量都切换到另一个可用会话。

(4) 基于优先级模式：支持将所有数据流流量引导到高优先级会话上,直到此会话拥塞。

ATSS支持的体系结构如图4-39所示。

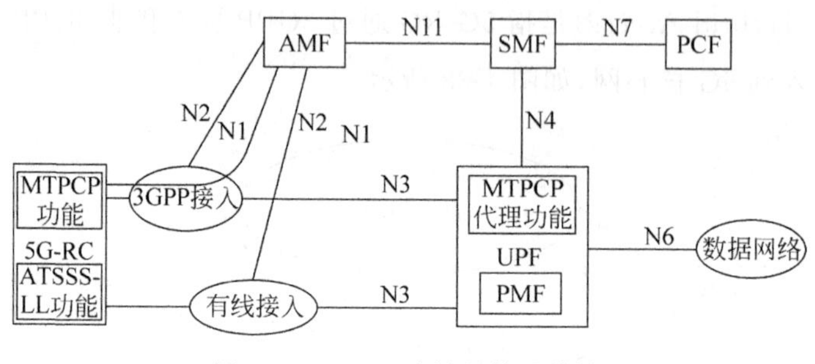

图4-39 ATSS支持的体系结构

4.7 开放用户态协议栈

网关开放用户态协议栈和WiFi多径能力开放,构建家庭内终端设备一致的业务体验和较好的WiFi接入体验,同时建立以ONT网关为中心的开放应用生态。

开放用户态协议栈可以提供开放接口给游戏等业务App,标记业务优先级,并基于新的业务优先级在WiFi上进行QoS保证。

开放用户态协议架构如图4-40所示。

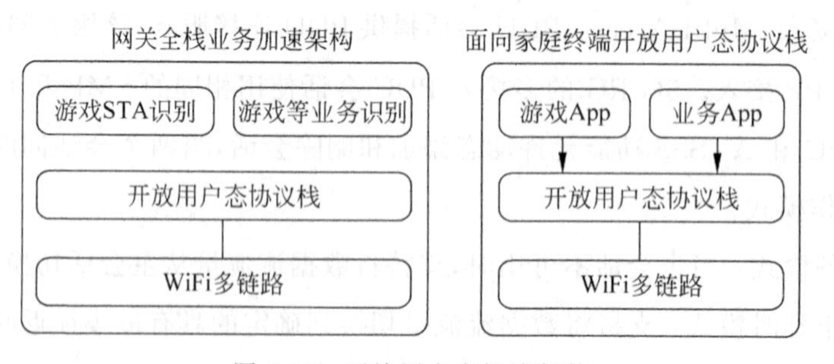

图4-40 开放用户态协议架构

4.8　家庭网络管理

随着家庭 WiFi 成为用户刚需以及百兆甚至千兆宽带的快速普及，用户体验瓶颈发生了变化，制约宽带用户体验的不再是传统的接入带宽，更关键的是家庭 WiFi 的网络体验。据统计，家庭宽带 50%以上的故障与 WiFi 有关，由于缺乏主动高效的处理手段，家庭 WiFi 网络成为用户投诉的高发区，其中约 30%的故障需要装维人员上门解决。WiFi 故障多、解决时间长、用户满意度低、运维成本高是运营商在家庭网络飞速发展时期面临的难题。

4.8.1　家庭网络管理技术发展

1. 第一阶段：TR-069

TR-069 是目前家庭网络业务发放的主流方式。基于 TR-069 的家庭网络管理架构如图 4-41 示。

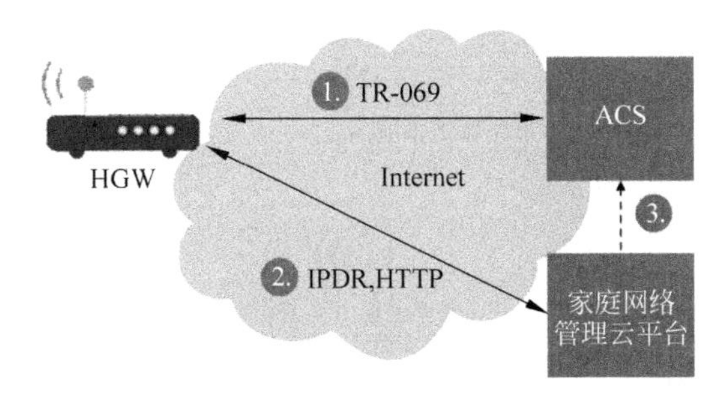

图 4-41　基于 TR-069 的家庭网络管理架构

ACS 通过配置块数据 bulkdata profile（对象 Device. Bulkdata. Profile{i}的实例）来通知 HGW 采集批量数据。

家庭网关定时采集数据，通过 IPDR、HTTP、File upload 等方式，以 CVS、JSON 等格式发送给家庭网络管理云平台。采集粒度支持 15min、30min、1h。

ACS 需要配置家庭网络管理云平台地址到网关。

(1) 优点。

① TR-069 是标准协议，配置和控制基于 ACS；

② 支持 NAT 穿越。

(2) 缺点。

① 新的 WiFi TR-069 节点定义和开发工作量大;

② TR-069 是一种低效率的协议,对于 TR-069 XML 解析来说开销很大;

③ ACS 一般不是针对频繁的会话而设计的,不支持实时的故障处理。

2. TR-369 User Services Platform(USP)用户业务平台新协议

BBF 在 2019 年推出了 TR-369 User Services Platform 用户业务平台新协议。

1) USP 支持的家庭管理应用场景

USP 支持的家庭管理应用场景如图 4-42 所示。

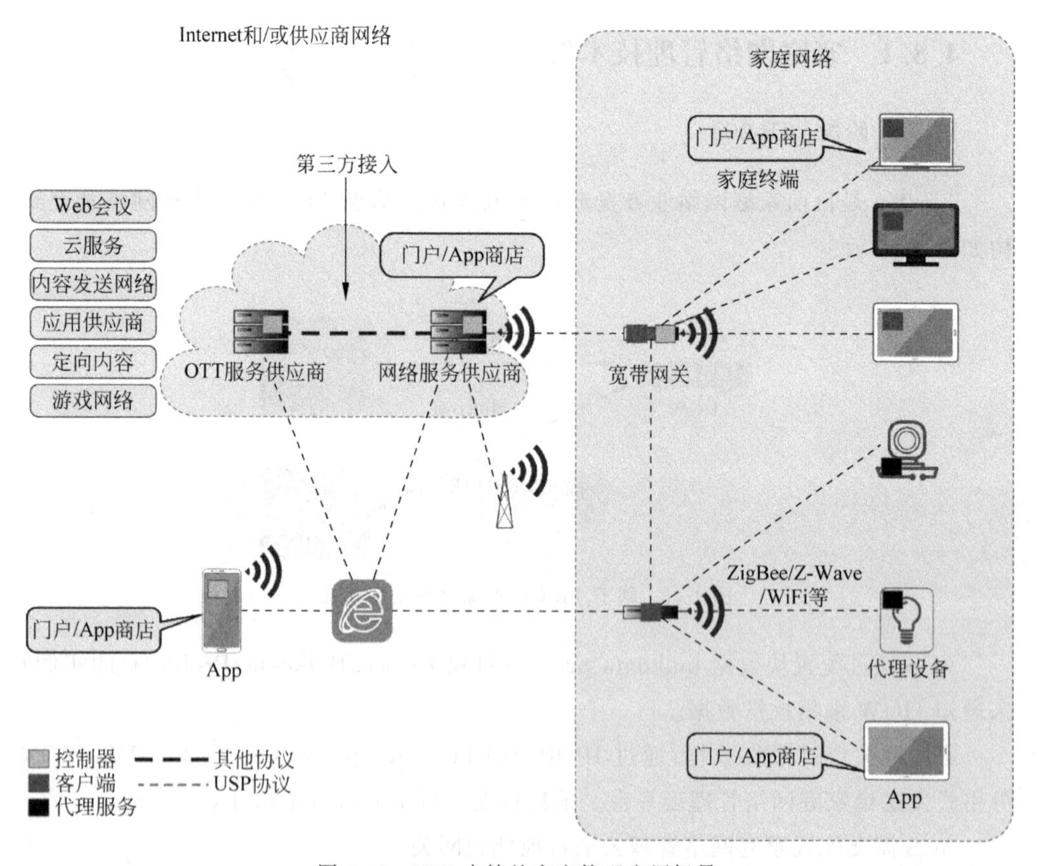

图 4-42　USP 支持的家庭管理应用场景

2）USP 管理架构

USP 用户服务平台由允许应用程序操作服务元素的端点（代理和控制器）集合组成。这些服务元素由一组对象和参数组成，这些对象和参数用于建模给定服务，如网络接口、软件模块、设备固件以及通过另一个接口代理的远程元素、虚拟元素或其他托管服务。

（1）USP 的组成。

① 发现和建立信任的机制。

② 一种用于对传输的消息进行编码的方法。

③ 端到端机密性、完整性和身份认证系统。

④ 通过一个或多个消息传输协议（MTP）传输消息，并具有相关的 MTP 安全性。

⑤ 一组基于 CUD 模型（创建、读取、更新、删除）的标准化消息，以及对象定义的操作机制和通知机制（CUD-ON）。

⑥ 基于每个元素的授权和访问控制。

⑦ 使用一组对象、参数、操作和事件（支持的和实例化的数据模型）建模服务元素的方法。

USP 管理架构如图 4-43 所示。

（2）代理。USP 代理公开（向控制器）其数据模型中表示的一个或多个服务元素。它包含或引用实例化数据模型（表示它所代表的服务元素的当前状态）和支持的数据模型。

（3）控制器。USP 控制器（通过代理）操作代理数据模型中表示的一组服务元素。它包含代理控制器、代理元素、网络接口、软件模块、管理服务和支持的数据模型。控制器通常充当用户应用程序或策略引擎的接口，该应用程序或策略引擎使用用户服务平台来解决特定的使用问题。

（4）端点标识符。端点由端点标识符标识。端点标识符是端点的本地或全局唯一的 USP 层标识符。它是全局唯一还是本地唯一取决于用于分配的方案。端点标识符用于标识 USP 记录和 USP 消息中的各种参数，以唯一标识控制器和代理端点。它可以是全局或本地唯一的，可以在所有端点之间，也可以在所有控制器或所有代理之间，具体取决于用于分配的方案。

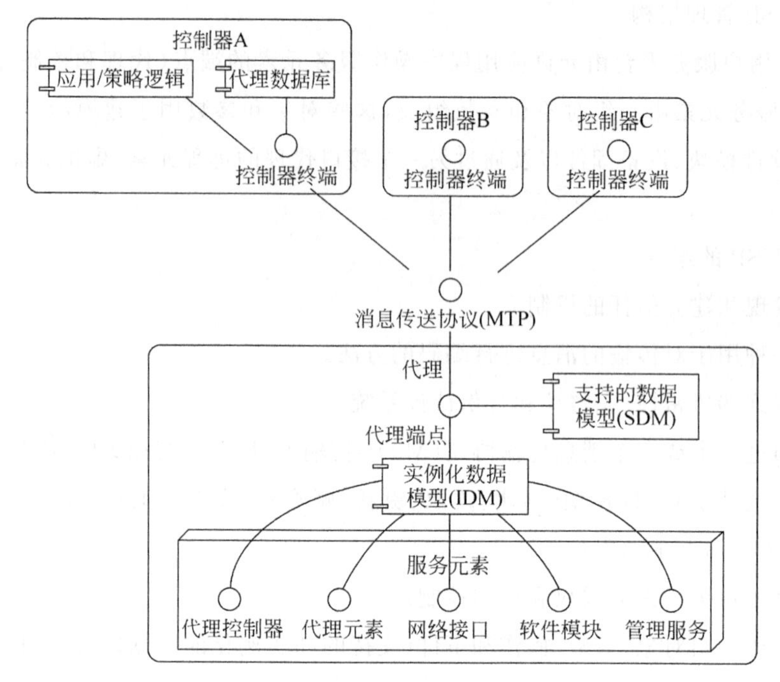

图 4-43　USP 管理架构

3. 面向未来 IoT 家庭 MQTT 管理方案

基于 MQTT 的管理架构如图 4-44 所示。

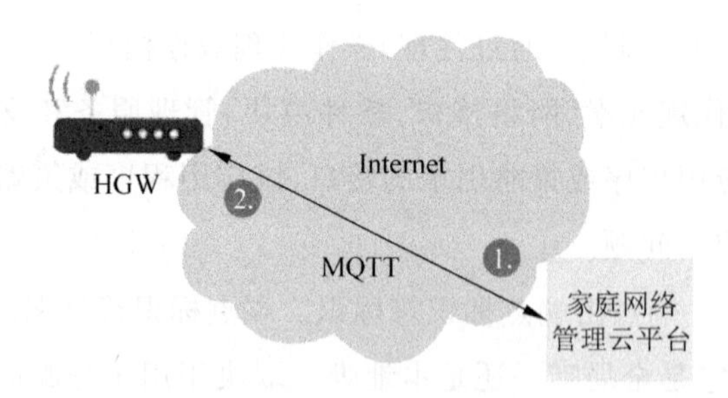

图 4-44　基于 MQTT 的管理架构

(1) MQTT 协议是标准的 IoT 协议,是目前家庭网络管理中比较流行的协议,很多厂商都采用 MQTT 协议。

(2) 基于模型驱动,基于遥测(telemetry)技术的高效订阅和事件触发机制。

(3) 使用原始(Raw)数据，具有高压缩比，并适用频繁会话。像WiFi这种需要秒级实时数据采集的应用，采用MQTT是非常合适的。

(4) 易于支持NAT穿越。

(5) 网关在MQTT后，事件和设备的实时数据都可以通过MQTT响应发送给云端服务器，如图4-44的WiFi分析是MQTT应用之一。

(6) WiFi管理可以独立编译安装，不需要升级软件。

以华为家庭网络云管理平台NCE为例介绍，3种管理方式的比较分析如表4-22所示。

表4-22　3种管理方式的比较分析

维度	方案一：TR069(ACS)	方案二：USP	方案三：MQTT	比较分析
基础IP协议	TCP	CoAP	TCP	相同
NAT穿越	设备和ACS需要额外STUN协议配合	设备主动连接，天然支持	设备主动连接，天然支持	方案三优
交互效率	短连接 ACS下发操作，需主动UDP触发。设备再次发起TCP连接之后交互	短连接 随时触发	长连接随时触发	方案三优
信息承载格式	XML 冗余数据较多	XML	JSON 高效的数据组织格式	方案三优
主动上报采集	基于TR069数据模型监控，交互次数多，不适合周期性大量数据采集	可以多次采集一次上报，减少交互处理	插件可以灵活处理采集周期和上报周期，可以多次采集一次上报，减少交互处理	方案三优
可扩展性	当前TR069数据模型实现嵌入到底网关软件模型，未解耦，扩展需要设备升级	扩张TR-069数据模型	插件和网关能力API解耦，网关API原子化，数据模型扩展可更新插件实现，避免设备频繁升级	方案三优

4.8.2　家庭网络可视可管

华为推出了NCE家庭网络管理、控制、分析一体化平台(后面简称NCE)，主要面向家庭网络运维管理场景，实现家庭网络远程管理，例如查看家庭网络信息、配置用户家庭 WiFi 网络，快速处理用户家庭网络问题，提高消费者用户家庭网络质量，如图 4-45 所示。

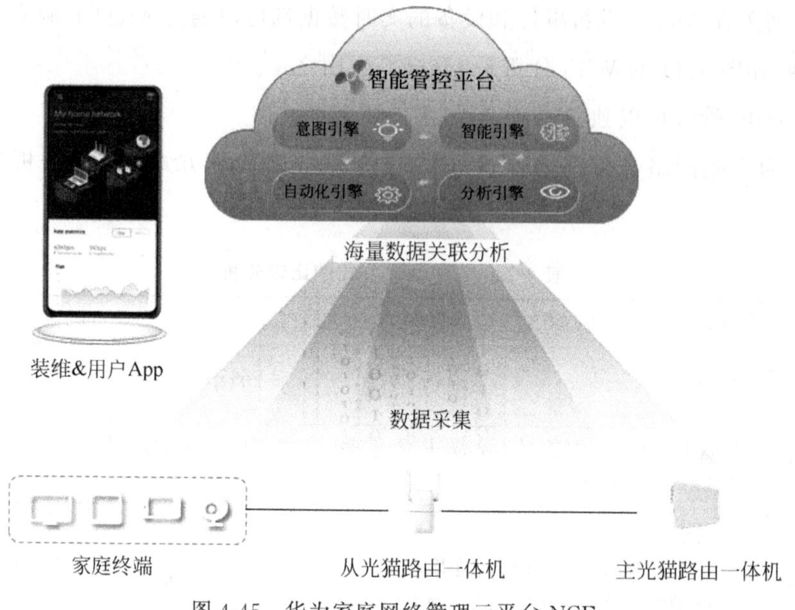

图 4-45　华为家庭网络管理云平台 NCE

NCE 在提供家庭网关及 AP 连接管理能力同时，基于网络连接质量诉求和运营商商业驱动，通过家庭 WiFi 大数据采集分析，实现家庭 WiFi 网络的可视可管，帮助运营商提升用户 WiFi 体验，提高运维效率，减少上门。

(1) 数据采集：ONT、边缘 ONT、终端实时网络性能数据采集并上报。

(2) iMaster NCE：支持海量数据关联分析，四大引擎支持远程故障定位，家庭网络可管可视，潜客挖掘。

(3) 装维和用户 App：装维 APP 集成工单协同，现场安装向导。用户 App 协助自助故障定位，减少 30%上门服务。

1. 家庭网络质量可衡量以实现高质量组网

1) 存在的问题

(1) 家庭 WiFi 约 14%的问题由覆盖引起，WiFi 覆盖已经成为运营商宽带发展的一项基础业务。

(2) 无量化的评估方法，验收看“WiFi 信号”，重复上门调测多，20%的 WiFi 问题因非标准化组网引入。

2）NCE 可实现

（1）通过手机 App 按区域进行速率、覆盖、时延测试，量化评估，现场评估家庭网络质量。

（2）App 指导安装和配置，OKC 消息免手工按键，自动入网。

（3）安装部署后测试验收，前后对比，支撑运营商面向用户提供专业的组网服务，如图 4-46 所示。

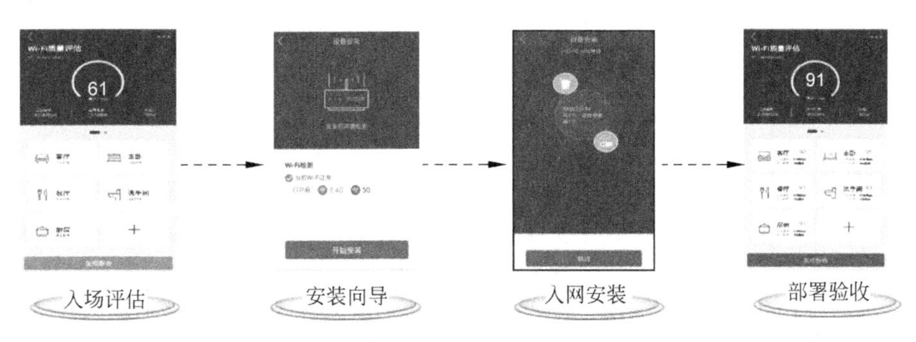

图 4-46　NCE 安装部署过程

2. 家庭 WiFi 网络质量可视、关键事件可视、拓扑可视

家庭宽带 50%左右的问题与家庭网络相关，当前主要依赖网管查询状态等少数性能参数，家庭网络质量是运维黑盒，20%的问题无远程处理手段，需要上门处理。

家庭 WiFi 网络质量可视如图 4-47 所示。

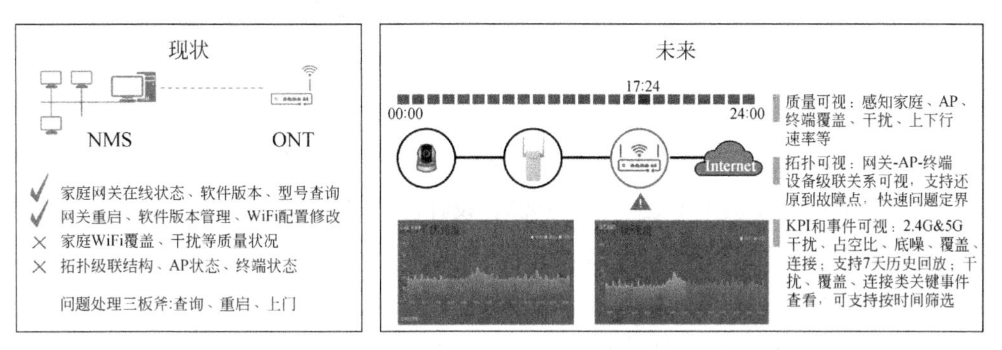

图 4-47　家庭 WiFi 网络质量可视

家庭 WiFi 网络质量可视功能全景如表 4-23 所示。

表 4-23　家庭 WiFi 网络质量可视功能全景

特　　性		功 能 描 述
概览	单家庭概览	支持查看过去 24 小时或者过去 7 天中某一天的单家庭质量信息： • 2.4GHz/5GHz 的使用占比 • 干扰、AP、覆盖、空闲占空比、连接数 5 个维度的质量评价 • TOP 质差时长及 TOP 质差占比
拓扑可视	拓扑可视	• 支持查看用户网络的联网状态，上下行实时速率、在线状态、网关-AP-终端的拓扑结构。 • 支持查看网关/AP 下挂的设备数量
	拓扑历史回放	支持 7 天拓扑历史回放
事件/问题可视	事件可视	支持查看单家庭过去一周的事件
	问题可视	支持查看单家庭存在的问题、问题根因和修复建议
设备信息可视	网关信息可视	支持查看网关 MAC 地址、天线能力、厂商、发射功率和上下行实时速率等信息
	AP 信息可视	支持查看终端型号、设备 IP、接入方式、软件版本、最近一次上线时间、上下行协商速率和发射功率等信息
	终端信息可视	支持查看终端设备 MAC 地址、设备 IP、在线状态、接入端口、信号强度、天线能力、协议、最近一次上线时间、协商速率等信息
KPI 可视 说明：支持查看过去 7 天的历史数据	干扰可视	支持查看家庭网关/AP 2.4GHz 或 5GHz 干扰占空比
	AP 可视	支持查看 AP 上行/下行协商速率和信号强度
	覆盖可视	支持查看家庭终端上行/下行协商速率和信号强度
	空闲占空比可视	支持查看网关/AP 空闲占空比
	连接数可视	支持查看网关/AP 2.4GHz 或 5GHz 频段连接的终端个数

3. 装维 App

华为家庭网络管理方案包含了装维 App，实现了以下功能：

（1）装维 App 提供工单处理、入场规划、设计部署、竣工验收等辅助功能。

（2）提供电子工单的接收、处理、提交。

（3）规划环节提供户型分析，部署建议，AP 选择，规划输出功能。

（4）可以自动化连接到网关和云端，自动获取配置，一键完成宽带账号、WiFi 和 AP 的配置。

（5）验收环节提供专业的自动化测试工具进行质量评估，验收报告自动输出。

(6) 社区经理使用装维 App 快速故障处理；装维 App 基于云管理平台，可以快速获得状态数据，通过提供的一键检测工具包可以进行实时检测，迅速发现故障点。

Web Portal/装维 App/用户 App 能力支持要求如表 4-24 所示。

表 4-24 Web Portal/装维 App/用户 App 能力支持要求

关键能力	Web(市场 & 运维 Callcenter/NOC)	装维 App(工程师)	用户 App(用户)
带宽承载能力和瓶颈识别	√		
WiFi 组网合理性以及质量评估	√		
应用承载能力和瓶颈识别	√		
现场评测及免对码入网		√	√
家庭 360,AP360,STA360 可视	√	√	√
TOP 问题一键检测	√	√	√
分段测速	√	√	√
故障和质差主动识别	√		
智能弹窗,用户自主排障			√
配置类故障自动调优	√		
家长控制/访客网络/黑名单			√

4. 用户 App

用户可以安装手机 App 来更方便智能地使用自己的 WiFi 网络。

(1) 远程管理：无论身在何处，用户可以通过用户 App 管理和控制自己的 WiFi 网络。

(2) 基于终端的策略：用户可以针对连接 WiFi 的终端定义相应的接入策略。

(3) 安全管理：WiFi 定时开关，访客专用 SSID，访客设备免密确认。

(4) 自助业务订购：带宽按需订购，视频业务提速。

(5) 用户可以使用手机 App 来进行自助维护，减少运营商的维护压力。

(6) 自助的安装新的扩展 AP。

(7) 通过家庭 WiFi 的可视化界面发现连接类和硬件类故障。

(8) 通过一键式检测工具发现配置类故障。

4.8.3 家庭网络远程运维

通过分析整理实际案例中现有的家庭网络问题，可以发现，其中 WiFi 干扰和覆盖问题占比大约 40%，现有的处理方式主要是上门进行处理，故障诊断效率低，成本高。

干扰和覆盖等问题依靠现有手段不能快速查询和定位，经常需要打电话与用户进行现场信息确认和近端配合查询，同时预约上门时间，问题处理效率较低，降低了用户体验。

1. 故障自动识别-远程定位

故障自动识别-远程定位如图4-48所示。

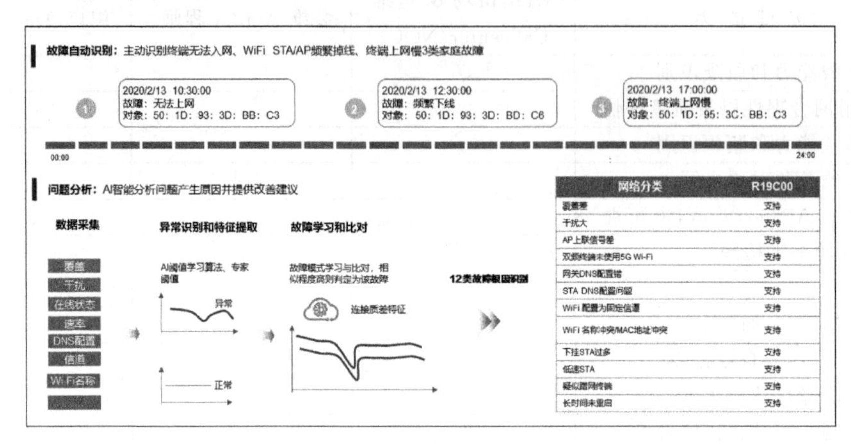

图4-48　故障自动识别-远程定位

2. 家庭网络TOP问题一键检测

使用场景：家庭网络报障85%为常见典型问题，客服热线依靠现有手段不能快速查询和定位，用户信息咨询及平均处理时间为30min。

家庭网络TOP问题检测能力如表4-25所示。

表4-25　家庭网络TOP问题检测能力

故障类型	检测能力
空口干扰	邻居AP信道检测、干扰流量监测、底噪检测、WiFi BSSID冲突检测、WiFi SSID冲突检测、雷达检测
覆盖不足	无线下挂设备WiFi强度
中继	WiFi AP上行频段、AP上行信号强度、AP离线
占空比	网络繁忙程度
连接问题	DNS检测、疑似蹭网设备、无线下挂设备数量、网关WiFi能力
设备问题	设备稳定性(频繁重启检测)、CPU占用率、硬件自检
配置问题	WiFi使能开关、WiFi隐藏配置、WiFi信道配置、WiFi WMM配置、WiFi加密模式、WiFi工作模式、WiFi频宽、WiFi信号发射强度、国家码、设备限速、黑名单

家庭网络 TOP 问题一键检测如图 4-49 所示。

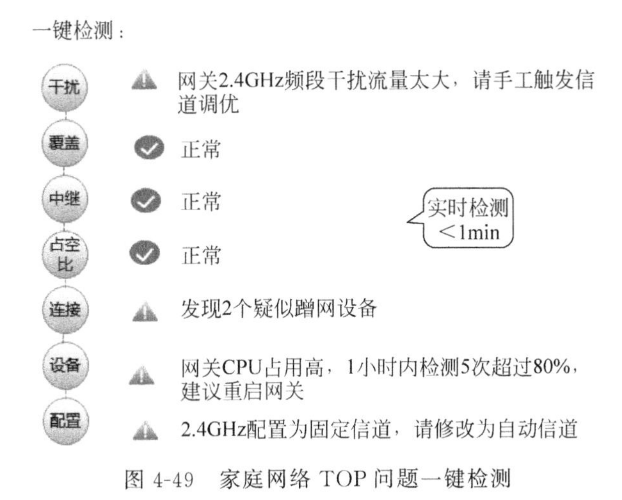

图 4-49　家庭网络 TOP 问题一键检测

家庭网络云管理平台 NCE 提供了一键检测功能，用户报障后，客户热线通过此功能可以下发命令给网关，实时采集家庭中的 WiFi 质量数据，进行 WiFi 干扰、WiFi 覆盖、AP、负载、网络连接、设备（设备能力、CPU 利用率等）检测、配置检测七大维度进行实时检测，1min 内了解家庭网络质量现状并推荐改善意见，辅助远程快速定位诊断。

3. E2E 分段测速 快速问题定界

NCE 支持强大的分段测速功能，ONT 网关到 STA 之间、ONT 到 TR-143 测速服务器之间以及 ONT 和 AP 之间的测速，可实时检测链路真实的转发速率，通过这个来判断网络中的业务承载问题。

1）使用场景

多数用户报障为“上网慢”“卡顿”等体验现象描述，使用分段测速可以发起网关到服务器、终端的多段测速，通过速率对比快速定界。

2）能力说明

（1）支持平台远端（NCE）和近端（手机）发起测速，如图 4-50 所示。

（2）目前支持三段测速。

（3）手机支持 IOS 及 Android 系统（只支持下行测速）。

3）限制及要求

（1）手机发起测速需要安装 App。

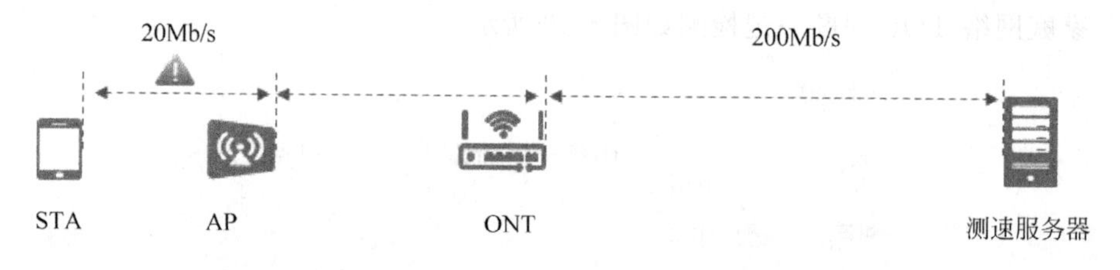

测速发起点	支持测速段
平台(NCE)	STA-AP
	AP-ONT
	ONT-服务器
	STA-ONT(无级联AP)

测速发起点	支持测速段
终端(手机)	STA-AP
	AP-ONT
	ONT-服务器
	STA-ONT(无级联AP)
	STA-服务器

图 4-50　支持平台远端(NCE)和近端(手机)发起测速

(2) 目前不支持跨 AP 段测速。

(3) 测速服务器由运营商提供和部署。

(4) 测速服务器要求：同时支持 50 路用户测速；支持 https/http 协议。

4. 系统自动调优及用户自助排障(免人工干预)

系统自动调优及用户自助排障(免人工干预)如图 4-51 所示。

配置类故障，闲时触发调优策略，自动修复

基于问题根因分析结果和流量模型，制定调优策略，针对配置类故障选择闲时下发调优策略

流量

动态门槛

切换时间窗

时间

链路层

时延 ↓　丢包 ↓　吞吐量 ↑

物理层

干扰占空比 ↓　协商速率 ↑

故障自动根因分析，配置类6类问题(WMM设置、固定信道、发射功率、2.4G/5G无法漫游、网关及STA DNS配置错误、设备长时间没有重启)主动调优

边缘计算，智能弹窗，用户自助排障(支持C插件设备)

图 4-51　系统自动调优及用户自助排障(免人工干预)

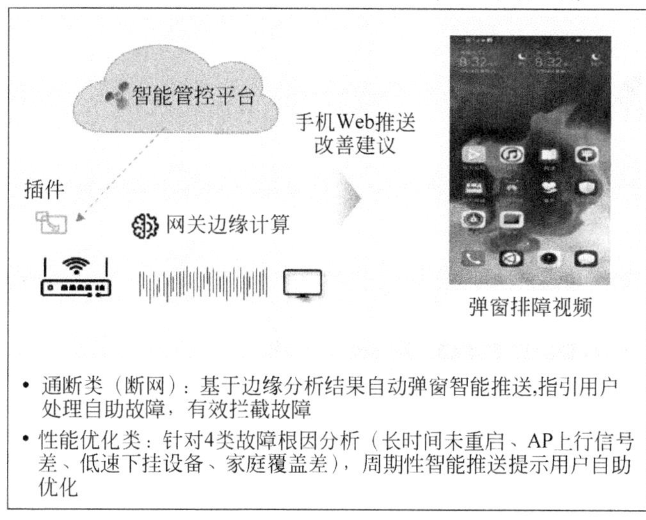
边缘计算，智能弹窗，用户自助排障(支持C插件设备)
智能管控平台
手机Web推送
改善建议
插件
网关边缘计算
弹窗排障视频
• 通断类（断网）：基于边缘分析结果自动弹窗智能推送,指引用户处理自助故障，有效拦截故障
• 性能优化类：针对4类故障根因分析（长时间未重启、AP上行信号差、低速下挂设备、家庭覆盖差），周期性智能推送提示用户自助优化

图 4-51　（续）

第5章

家庭网络实践

5.1 全光 WiFi FTTR 网络实践

全光 WiFi FTTR 解决方案基于光纤介质组网,在家庭配线箱或家庭中心位置部署主光猫路由一体机,以主光猫路由一体机为核心,构建家庭光纤网络。主光猫路由一体机向上接 OLT,向下通过光纤连接多个从光猫路由一体机,从光猫路由一体机支持千兆以太网口、WiFi 6,随光纤进入到每一个房间,为每个房间提供有线、无线真千兆网络覆盖。

5.1.1 应用案例

某电信用户签约带宽千兆,户型为 4 室 2 厅户型,面积 150 平方米。上网体验不好,房间内 WiFi 信号弱等问题,用户期望优化家庭的网络速率和各房间的 WiFi 信号强度。经过实地勘查,此用户的入户光纤只部署到信息箱,普通网关放置在信息箱内,信息箱到客厅的暗管中使用了普通 CAT5 网线,用于普通网关到 AP 或其他终端的有线连接,此组网方案严重限制了 WiFi 速率,这也是当前国内比较典型的问题,是很大部分用户实际使用的痛点。

使用 FTTR 改造方案,将普通网关更换 FTTR 光网关,同时在信息箱与客厅间新增光纤进行连接,将 FTTR 光网关放置在客厅的电视柜上;在客厅至各个房间之间也使用光纤方式连接,并在房间内部署边缘 ONT。经过此方案改造后,用户家庭内网络体验明显改善,改造后各房间内的 WiFi 信号显著增强、整个家庭内网络速率均大幅提升,如图 5-1 所示。

在光纤部署工程实施方面,基于用户家庭内布线的实际情况,通过下述方法提升

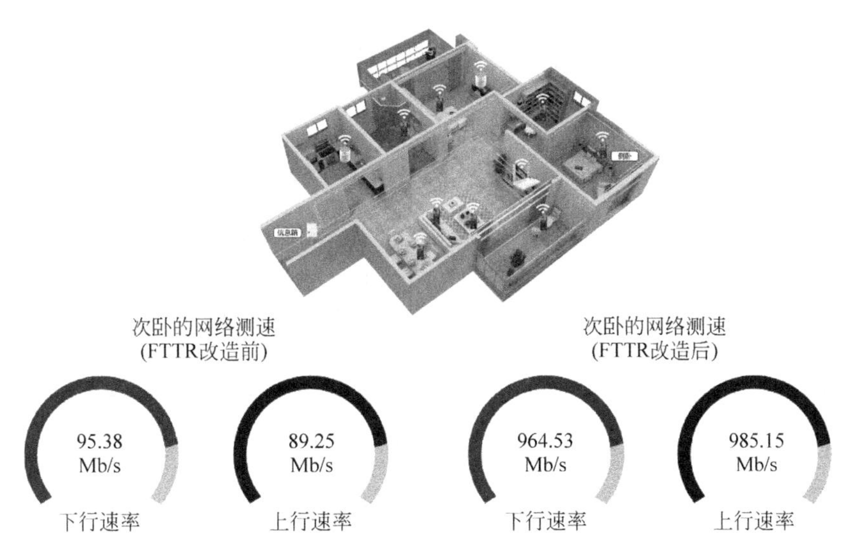

图 5-1　FTTR 改造前后次卧网络测速数据对比

部署效率。

（1）采用暗管施工的利旧牵引法进行施工。

（2）采用特制蝶形光缆，实现免熔纤。

在 FTTR 部署案例中，穿管工程实施技术可操作性强，暗管施工顺利，改造方便快捷。

5.1.2　部件设备

主光猫路由一体机外观及规格如表 5-1 所示。

表 5-1　主光猫路由一体机介绍

产品名称	外　观	规　格
HN8145XR		• 上行：XG-PON/非对称 10G-EPON • 下行： 1×光口＋1×POTS＋4×GE＋1×USB 2.4GHz/5GHz WiFi 6 2×2 MIMO(2.4GHz/5GHz)

续表

产品名称	外　观	规　格
V852R		• 上行：XG-PON/非对称10G-EPON • 下行： 1×SFP+1×POTS+ 4×GE+1×USB 2.4GHz WiFi 5 2×2 MIMO(2.4GHz)

从光猫路由一体机外观及规格如表5-2所示。

表 5-2　从光猫路由一体机介绍

产品名称	外　观	规　格
K662R		• 上行：光纤组网 • 下行： 2.4GHz/5GHz WiFi 6 2×2 MIMO(2.4GHz/5GHz)
K662d		• 上行：光组网 • 下行： 2.4GHz/5GHz WiFi 6 2×2 MIMO(2.4GHz/5GHz)

5.1.3　光网组件

FTTR室内光纤网络的部署，既要考虑施工的便捷性、高效性，又要考虑室内装修的美观性，因此需要设计专门针对家庭场景的光网络部件。

1. 室内专用超柔蝶形光缆

如图 5-2 所示，蝶形光缆两侧有纤维加强筋，可承受拉力为 70～200N，能有效满足工程实施的穿纤要求。

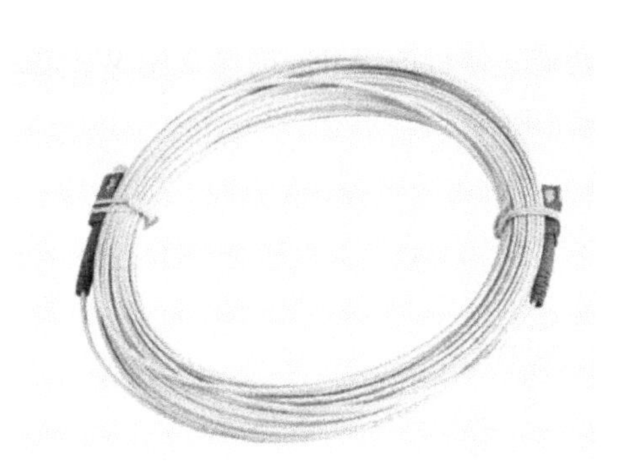

图 5-2　室内专用超柔蝶形光缆

该光纤采用 G. 657B3 标准，最小弯曲半径为 5mm，可灵活适应布线施工过程中常见的多种转弯角情形；光纤支持 2. 0×1. 6mm 超小规格，易于穿过常规门缝，可满足布线施工的过门场景，如图 5-3 所示。

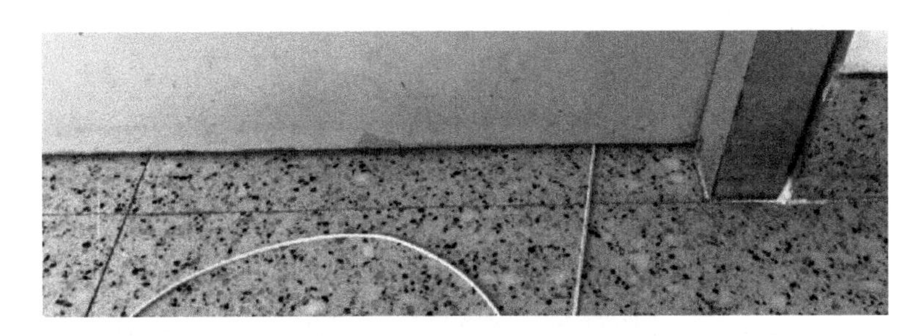

图 5-3　蝶形光缆过门缝效果

光缆的 SC 接头采用白色壳体加蓝色外壳的可分离设计形式。在穿管布线过程中，可拆除蓝色外壳，由于白色壳体强度增加、不易受损，使用白色壳体随牵引线可直接穿管，在穿管完成后再安装蓝色外壳，实现免熔纤。

2. 光插座

光插座的作用类似网口面板，连接从光猫的光缆先连接到光插座，再由光插座通过跳纤连接到从光猫。光插座支持光缆盘存，解决光缆余长问题，支持 86 底盒安装，透明翻盖设计，既美观又起到安全防护作用，适合家庭场景使用。

5.1.4 工勘和施工流程

原则：将主光猫路由一体机放置在客厅，从光猫路由一体机放置在卧室，充分利用主光猫路由一体机和从光猫一体机的 WiFi，确保全屋 WiFi 覆盖。

具体施工流程如图 5-4 所示。

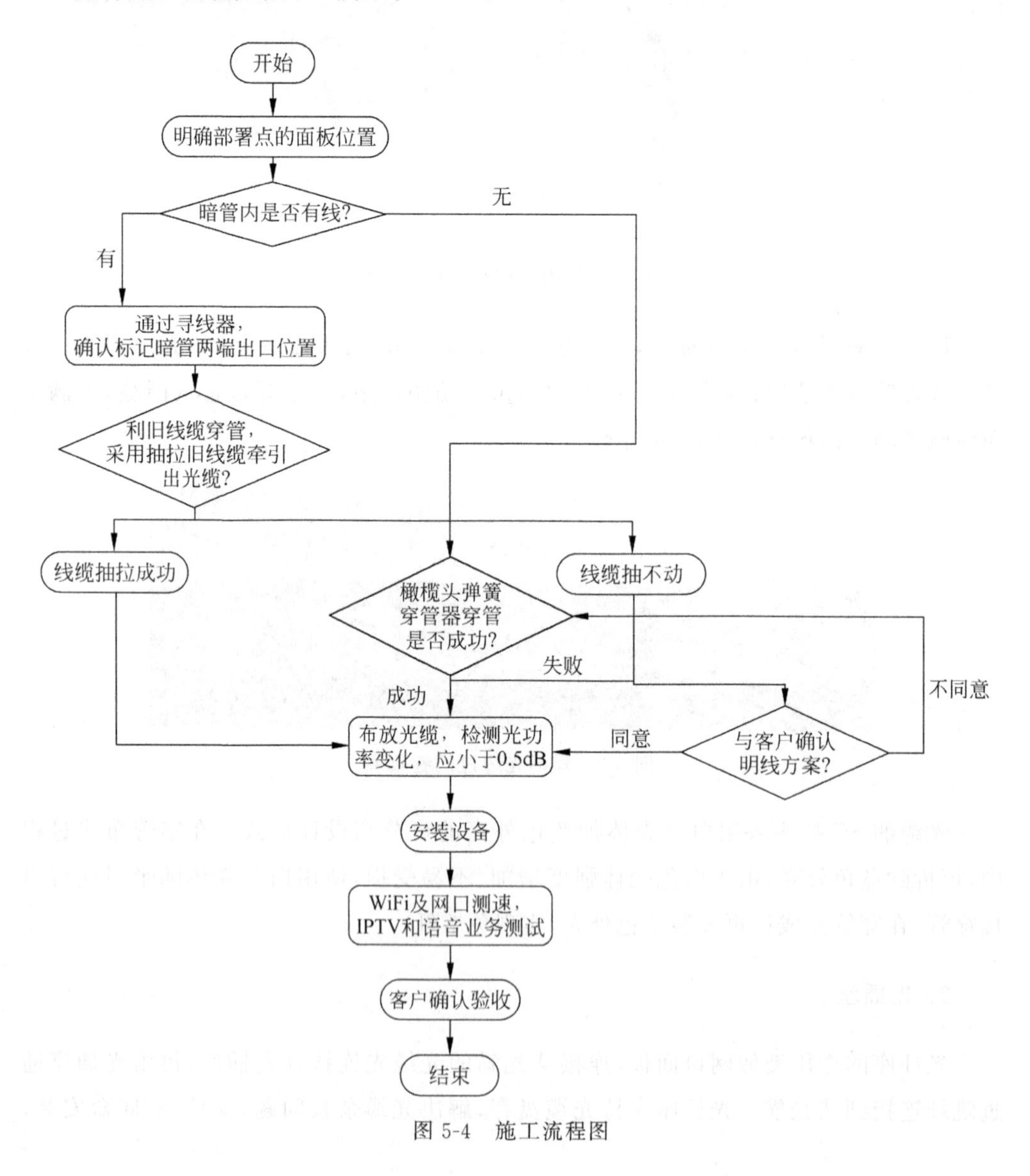

图 5-4 施工流程图

5.1.5　暗管施工

注意：

- 穿管器是金属材质，为了安全起见避免电击，断电（断总空开）后方可施工，且需全程佩戴绝缘防滑手套。
- 施工前检测入户的接收光功率是否达标。

1. 利旧线缆牵引安装

注意：

- 该方式在暗管内有线缆时，优先使用。
- 与业主协商确认可抽出的线缆，建议抽出优先级依次为电话线＞网线＞铜轴电缆。

(1) 可利旧的线缆/预埋绳未使用并可抽动。

(2) 将线缆头部和微光缆通过牵引绳绑定，如图5-5所示。

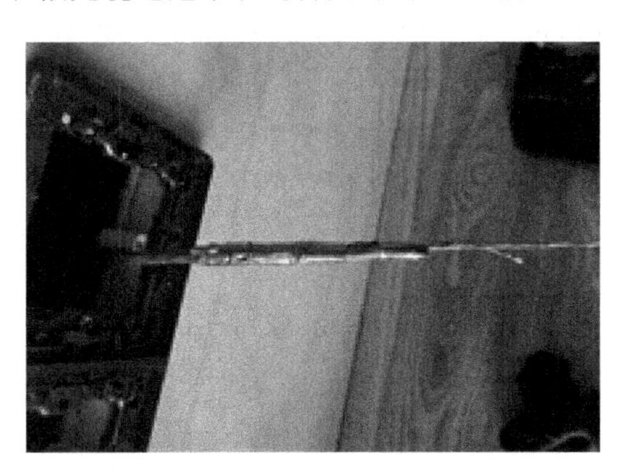

图5-5　线缆头部和微光缆通过牵引绳绑定

(3) 从另外一端反向拉出，在管道内成功部署微光缆。

2. 橄榄头弹簧穿管器安装

(1) 使用橄榄头弹簧穿管器穿管，直到穿通管道，如图5-6和图5-7所示。

① 遇到障碍物（如碎石、残留线缆），拧紧蝶形螺母，当弹簧再无法前进时，尝试往回拽动，将障碍物带出。

② 如果需要往回拽动弹簧，在遇较大阻力的情况下，可尝试拧紧蝶形螺母，再逆时针旋转摇柄，一边旋转一边拽回弹簧。

步骤1 握住手柄，逆时针方向拧开蝶形螺母，拉出部分弹簧伸入管道内

步骤2 距离弱电管口长度10cm左右，拧紧蝶形螺母

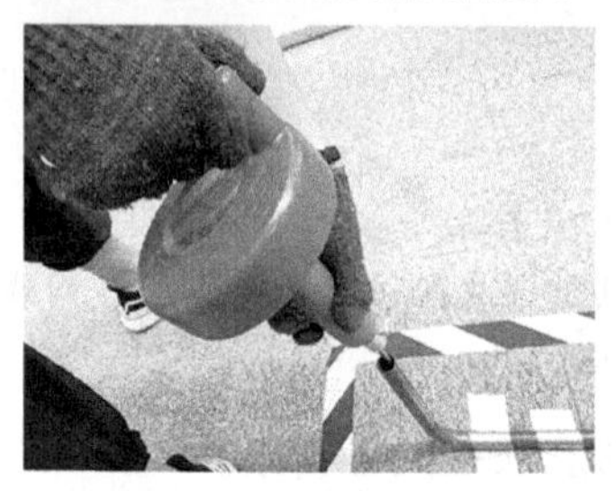

步骤3 握住手柄用力下压的同时，另一只手顺时针旋转摇柄，直至通过直角

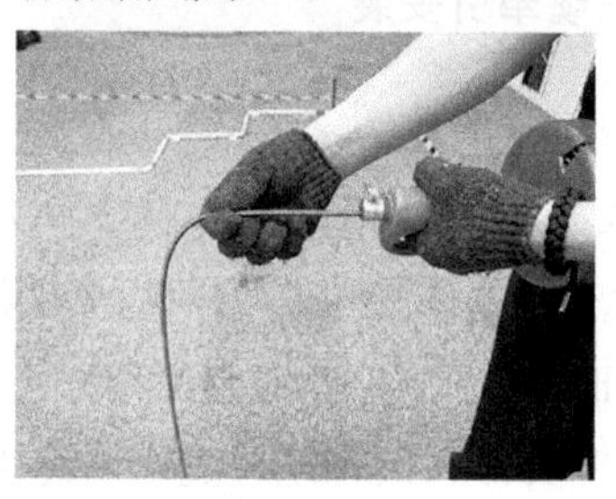

步骤4 通过直角后即可拧松蝶形螺母，继续向前穿通弱电管

图 5-6　橄榄头弹簧穿管器安装过程

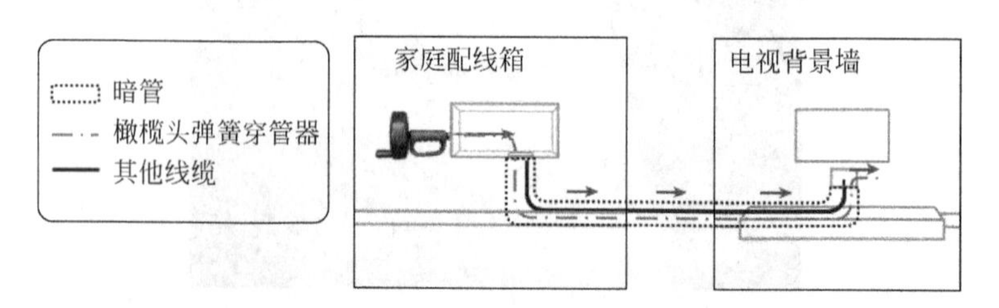

图 5-7　橄榄头弹簧穿管器安装示意图

(2) 剪一段约 50cm 的牵引绳，将穿管器的头部和牵引绳一端缠绕固定，牵引绳另一端与微光缆的牵引孔打结固定，如图 5-8 和图 5-9 所示。

图 5-8　牵引绳固定方法

(3) 匀速抽出穿管器，将光缆引出管孔，完成穿管。

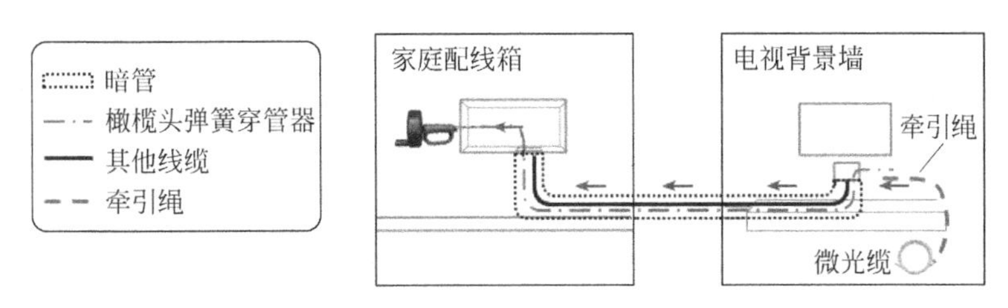

图5-9　牵引绳使用示意图

3. 穿管机器人安装

本方案适用于如下场景：

(1) 弱电管存在三通和拼接直角弯。

(2) 普通弹簧穿管器或橄榄头弹簧难以穿通，需排查阻塞点并使用穿管机器人进行穿通。

注意：

- 安装穿管机器人时，须拧紧卸力装置。操作时，稍许用力拉出线缆，拧紧卸力装置旋钮。
- 操作前，请确保摇杆锁定指示灯为绿色，指示灯变为红色，摇杆指令将无法传达至头端。

本方案操作步骤如下：

(1) 调直穿管机器人，将穿管机器人线缆手工推入弱电管，如图5-10所示。

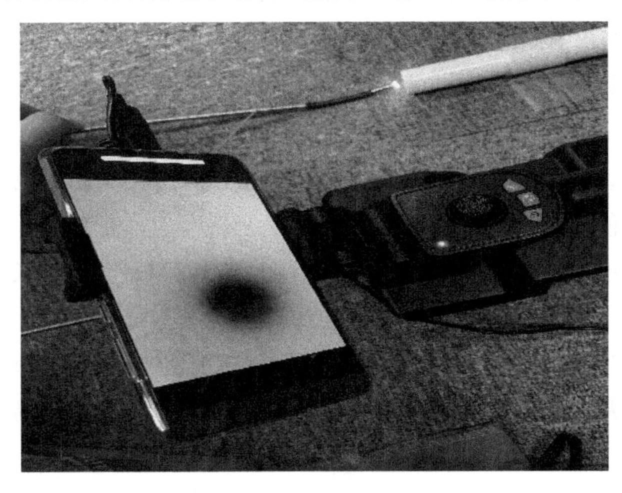

图5-10　穿管机器人

（2）遇到弯角或三通时，将头端调整至合适位置，注意与管壁保持一定距离。

（3）操控摇杆，调整头端方向，直至对准目标管道，手动推入穿管机器人线缆，直至转过该弯角或三通。控制头端方向回正，避免继续穿管过程中损坏镜头。

（4）穿通后，绑定牵引绳到穿管机器人的固定牵引线上，如图 5-11 所示；然后将牵引绳另一端与微光缆的牵引孔打结固定，匀速抽出即完成穿管。

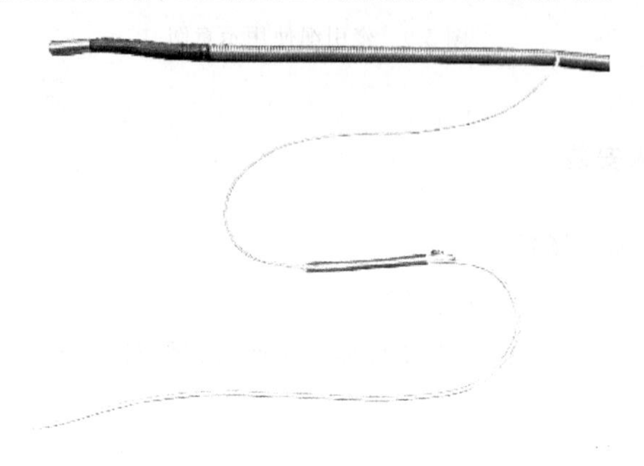

图 5-11　牵引绳和固定牵引线的缠绕效果

5.1.6　明线施工

没有可施工管孔的，可以采用明线施工。推荐使用双折防水贴＋FTTR 透明光缆＋3M 双面胶，施工外观整洁，保护效果好。

（1）测量并选择合适长度的 FTTR 透明光缆。

（2）规划好路由，标注落定位置和弯曲参考线。务必在阴、阳角预留弧度，可采用“过桥”的方案，减少光缆回直力拉扯。

（3）擦拭墙面/踢脚线，确保无水渍和灰尘。

（4）延规划路线敷设 3M 双面胶。建议在北方温度较低的区域，3M 双面胶应配合热风枪加热后使用，使其粘贴效果更好。

（5）一边撕开双面胶，一边将透明光缆较宽的一面粘贴到双面胶正中间。光缆与双面胶粘贴时，务必保证光缆的较宽面接触双面胶。

（6）撕开 PVC 防水贴，然后将防水覆盖粘贴到透明光缆上。可将 PVC 透明防水贴根据用户需求裁剪使用。双折防水贴需要定期检视保养，用户可按照喜好自行采购更换。

(7) 光缆固定后，挤压排出透明防水贴与墙(踢脚线)之间的空气，使其黏合紧密。敷设效果图如图5-12所示。

阳角敷设：在平面转弯处使用

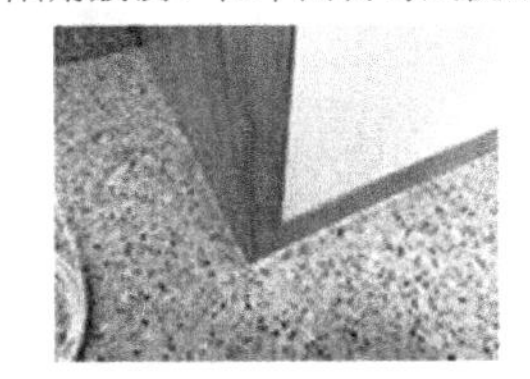

阴角敷设：在平面转弯处使用

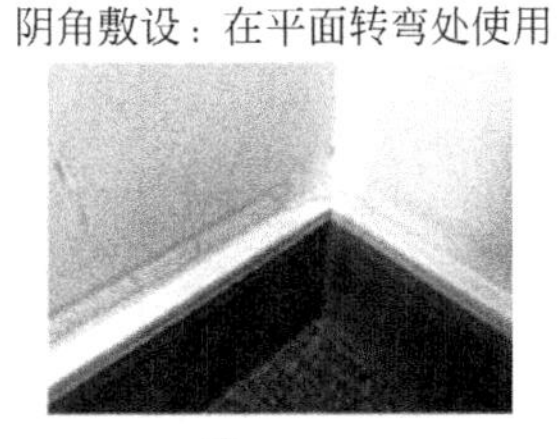

踢脚线敷设：沿踢脚线路径敷设

门缝敷设：用于穿过障碍物、凹凸物等

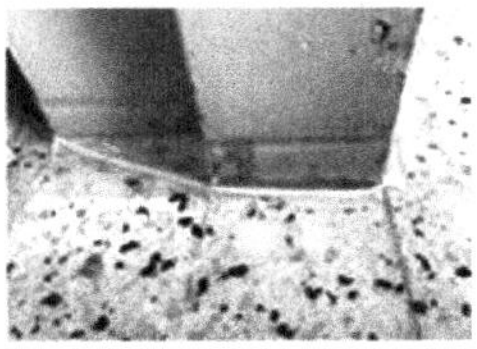

图5-12　敷设效果图

4. 施工后注意事项

(1) 施工完毕，需要带走施工过程产生的垃圾。

(2) 向用户普及光纤使用注意事项，光纤材质是玻璃丝，请勿折叠式捆扎。

(3) 若施工过程中有熔纤操作，应注意将切断光缆进行回收，避免光缆中的玻璃丝遗落在客户房间，引发安全问题。

5.1.7　安装设备

(1) 将主光猫路由一体机放置于客厅电视柜上。

(2) 将从光猫路由一体机放置于房间桌面或电视柜上。

主/从光猫路由一体机安装及连线如图5-13所示。

(3) 光路由放置于家庭配线箱中，光面板安装在房间的暗盒上，如图5-14所示。

(4) 将光缆连接上述各设备，测试光功率，然后上电注册，如图5-15所示。

5.1.8　竣工验收

如表5-3所示，竣工后，检查施工后光缆的接收光功率、从光猫路由一体机的接收光功率，以及光缆的过弯半径和盘纤半径。

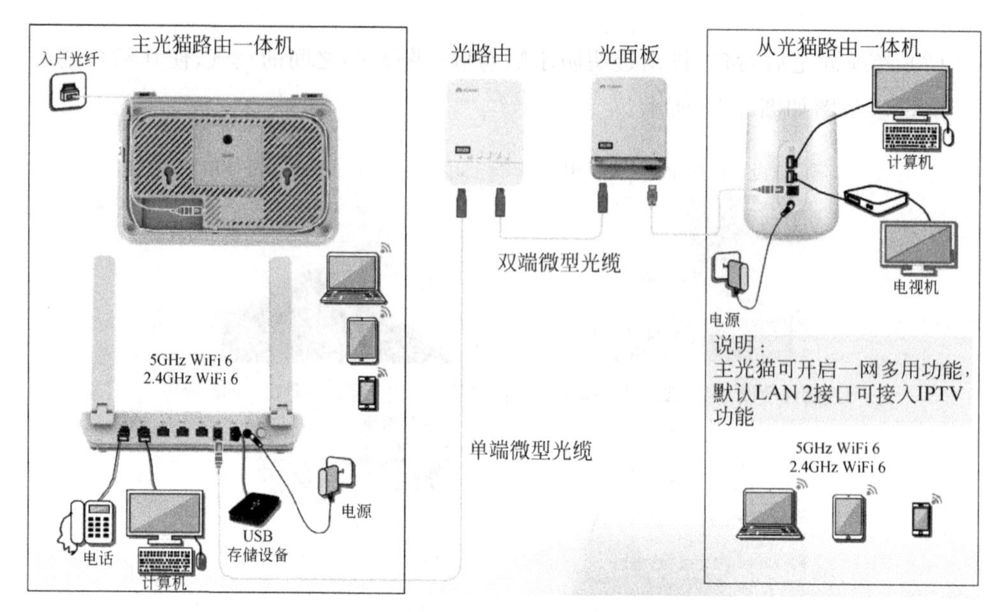

图 5-13　主/从光猫路由一体机安装

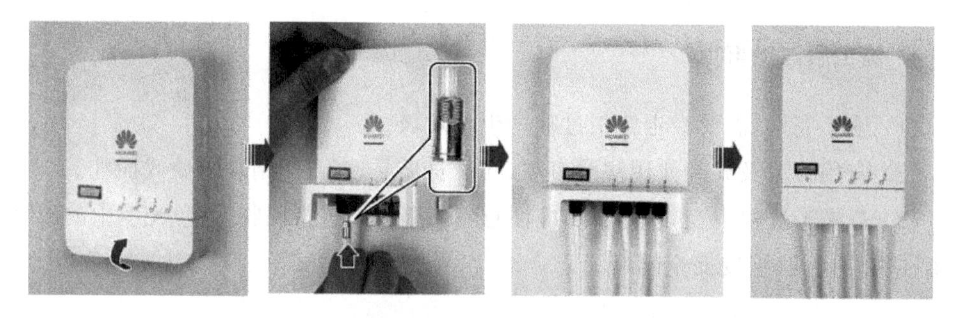

图 5-14　光路由安装

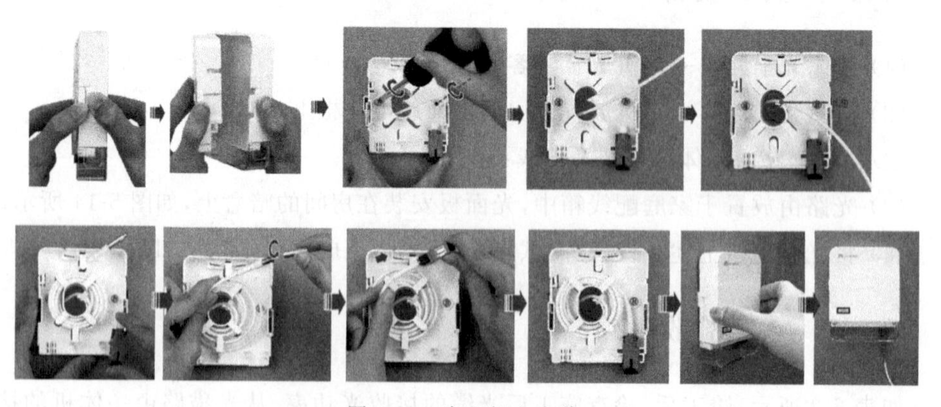

图 5-15　光面板盒安装

表 5-3　施工完成后自检项

检查内容	测试标准	失效措施
使用光功率计，测量客厅光缆施工后的接收光功率，并与施工前的入户光纤接收光功率对比	• 工作波长：1490nm/1577nm • 光学损耗要求：满足光猫接收灵敏度要求 • 施工前后的接收光功率差值应≤1dB	• 确认光功率计是否异常，重启或其他方式检查光功率计 • 使用通光笔检测断点，在断点处通过熔接方式进行返工 在连接头或熔接点处漏光，重新成端制作并检查 光缆链路漏光，定位问题并修复链路
使用光功率计，测量每个从光猫路由一体机的接收光功率	• 工作波长：1490nm/1577nm • 光功率在从光猫路由一体机的接收范围	
使用卷尺测量并检查明线敷设光缆的过弯半径和盘纤半径	• 过弯的弯曲半径应大于5mm • 盘纤半径应大于50mm	• 重新敷设过弯光缆 • 重新盘纤

如表5-4所示，验收有线速率、WiFi信号强度是否正常，以及终端和PC是否能正常上网。

表 5-4　客户验收清单

序　号	项　　目	是否通过
1	测试客厅和房间有线速率是否达标	
2	测试客厅和房间的WiFi信号强度	
3	测试客厅和房间的WiFi速率是否有提升	
4	测试WiFi的双频合一功能是否正常	
5	测试移动终端和PC是否能正常上网	
6	信息箱是否进行整理	
7	剩余光缆是否按规定盘纤并整齐放置	
8	现场是否打扫干净	
9	明线施工方式是否美观	
10	明线施工中，PVC透明防水贴是否粘贴牢靠	

5.2　WiFi Mesh 网实践

5.2.1　应用案例

光猫路由一体机对比路由器，能提供更大带宽，有效改善普通家庭WiFi使用体验，这里介绍在小、中、大户型的实际应用案例，并对改造前后的性能进行对比测试。

1. 小户型应用案例

此用户签约带宽为200Mb/s（实际运营商会有20%左右余量），客厅测速只有35Mb/s左右，其他房间低于20Mb/s。通过原址替换为光猫路由一体机后，同一测试点前后对比情况，性能提升4倍以上，真正享受到200Mb/s带来的大带宽体验，如图5-16所示。

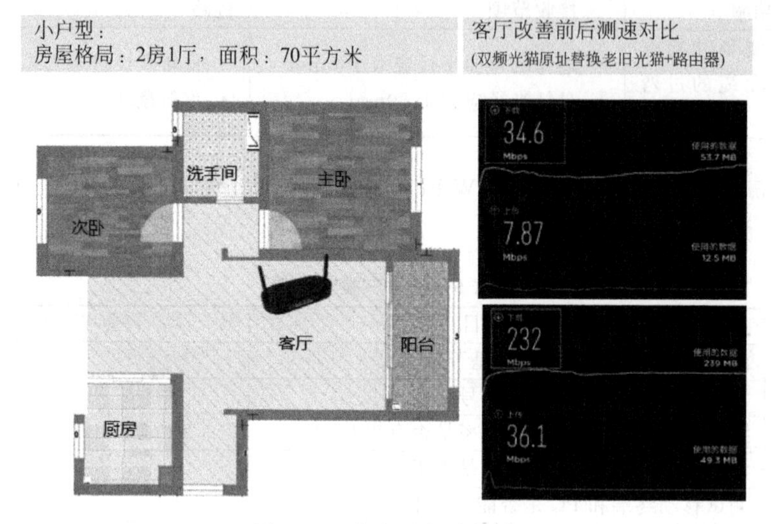

图5-16　小户型应用案例

2. 中户型应用案例

此用户签约带宽为100Mb/s（实际运营商会有20%左右余量），用户的家庭组网是光纤入户到客厅沙发旁的信息箱，然后连接单频光猫，光猫通过网线连接客厅电视柜的路由器。改造前只能体验不到70Mb/s的速率，厨房不到10Mb/s。使用光猫路由一体机替代单频光猫和路由器后，实际测速提升50%以上，如图5-17所示。

3. 大户型应用案例

在光猫路由一体机有线组网方案推行试点的过程中，某用户的房屋面积为120m²的复式楼层，签约的是200Mb/s的带宽。家庭组网为光猫放在信息箱，下挂一个双频路由器，由于不能满足用户对WiFi全覆盖的需求，且WiFi信号覆盖较差，部分位置

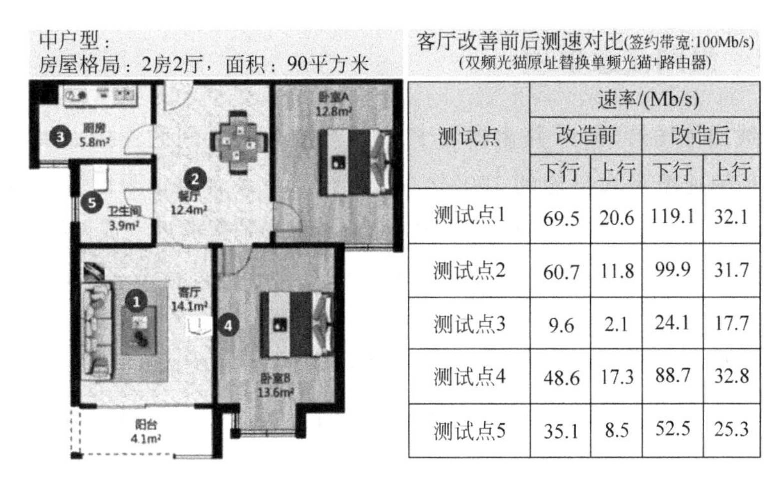

测试点	速率/(Mb/s)			
	改造前		改造后	
	下行	上行	下行	上行
测试点1	69.5	20.6	119.1	32.1
测试点2	60.7	11.8	99.9	31.7
测试点3	9.6	2.1	24.1	17.7
测试点4	48.6	17.3	88.7	32.8
测试点5	35.1	8.5	52.5	25.3

图 5-17　中户型应用案例

WiFi 时断时续，测速低于 50Mb/s。

根据房型特点，采用光猫路由一体机 WiFi Mesh 组网模式。在一楼利用主光猫路由一体机替换掉普通网关，并将其移出信息箱；在二楼将从光猫路由一体机连接到主光猫路由一体机的 GE 口；组网模式调整之后，用户全屋 WiFi 网速超过 100Mb/s，客厅测速达到 203Mb/s，如图 5-18 所示。用户在享受百兆宽带的高速体验的同时，也感受到了光猫路由一体机 WiFi Mesh 组网所带来的便利。

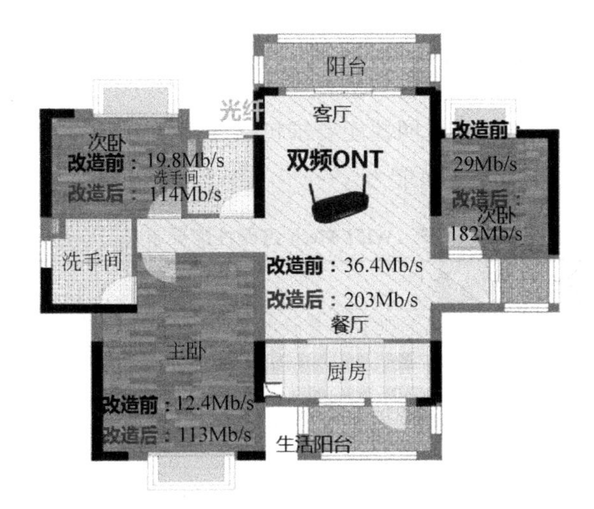

图 5-18　大户型应用案例

5.2.2 组网注意事项

(1) 网线回传场景，WiFi 路由器和 FTTH 智能网关之间的连接如果使用五类网线(Cat 5)，传输速率最大只能到 100Mb/s。网线质量不合格也限制了千兆路由器的性能。据 2019 年 9 月央视《每周质量报告》报道：市场销售的近三成网线不合格，网线厂家为降成本以细线冒充粗线，绝大多数不合格网线导体直径不合格，限制了组网路由器的 WiFi 体验不超过百兆。

(2) 电力线回传，存在 PLC 不稳定，电器干扰，跨空开等问题，广东某电力 AP 实测只有 10～100Mb/s；另 PLC 链路机制，多个 AP 共享最大 400Mb/s 的带宽，也无法满足 200Mb/s 的基本带宽需求。

(3) WiFi 组网，对于双频 WiFi 设备，WiFi 回传和转发都是同信道，由于 WiFi 分时转发原理，存在回传信道折半，对于 WiFi 的 2×2 MIMO 手机测速很难达到 200Mb/s。

(4) 终端不支持 IEEE 802.11k/v 影响漫游切换时间。通过 IEEE 802.11k 可以让终端测量到其他 AP 的信号强度，作为漫游决策的依据。通过 IEEE 802.11v 可以让终端漫游到指定的信道和 BSSID，如果终端不支持 IEEE 802.11k/v，当网关/AP 检测到弱信号时，一般只能让终端下线重连，切换时间长，且重连到哪个 BSSID 完全由终端决定，各终端行为和性能差异也较大。

5.2.3 组网性能要求

如表 5-5 所示，WiFi Mesh 组网性能要求包括连接能力、覆盖能力、吞吐性能、抗干扰性能、配置同步能力和漫游切换能力。

表 5-5 WiFi Mesh 组网性能要求

性能项目	性能要求
终端可达带宽	不同介质承载下典型参考值： • PLC 承载：最大为 100Mb/s • WiFi 5 承载：100～200Mb/s • WiFi 6 承载：200～500Mb/s • 全光承载：1Gb/s+ 说明：基于 2×2 MIMO 天线规格评估
漫游切换	• 支持 IEEE 802.11k/v 终端：漫游切换时间小于 200ms • 不支持 IEEE 802.11k/v 终端：不支持漫游，强制切换时间为 1～10s

第6章

展望

展望未来，超宽带、全光组网、智能化、即插即用、业务随选、业务自动化、对业务的极致体验要求是围绕家庭网络的几个核心要素。它们将贯穿整个家庭网络的演进，在对家庭网络的不懈探索之下，智能全光家庭网络将实现全场景覆盖，一些曾被认为不可思议的体验都可能成为现实。

2020年10月，十九届五中全会通过了《中共中央关于制定国民经济和社会发展第十四个五年规划和二〇三五年远景目标的建议》，提出企业技术创新是国家创新发展的新动能，新科技革命的核心是数字化、网络化、智能化，高品质和多样化的现代服务业是经济体系升级的重要一环。

1. 智慧家庭发展要求与导向

1）国家日渐关注

5G＋千兆网络时代的到来颠覆了人们对于传统家庭的认知，疫情过后，智慧家庭行业按下“快进键”，进入发展加速期，国家及地方政策纷纷将智慧家庭列入刺激消费升级的重点领域，智慧家庭在促进经济发展，满足人民美好生活需要，实现网络强国、数字中国，打造智慧社会的现代化建设中责任重大。

2）行业日趋规范

为解决智慧家庭产业存在的诸多企业各自为战、各自构建技术壁垒和生态护城河、互联互通标准不统一等问题，行业管理组织加强智慧家庭产业发展的顶层设计，围绕智慧家庭产业生态体系，构建我国智慧家庭综合标准化体系规范，带动相关产业转型升级，促进信息消费增长和供给侧结构性改革。

3）应用日益多样

人工智能、物联网和移动应用使智慧家庭不再局限于单一场景，智慧家庭进一步延伸至安防、控制、社交、教育、娱乐、健康、养老、办公等场景，并不断呈现出更多样化的产品、内容和服务。为满足丰富多样的家庭智慧生活需求，智慧家庭产业需要进一步推进互联互通，开放拥抱内容与服务合作伙伴，共同引领数字化生活方式。

2. 市场发展展望

家庭市场具有爱分享、高活跃、强黏性的融合属性。家庭市场不是简单的个体群组,不是 ToC 的延伸和附属,而是兼具 ToC 公众客户及 ToB 中小企业的特点。家庭是社会的最小“细胞”,具有最稳固的社会关系。同时,家庭与社区、城市息息相关、密不可分,家庭消费逐渐由屋内向屋外空间扩展。

经济社会数字化转型以及家庭结构变化带来家庭消费变革。智慧家庭市场主体逐渐下沉到中小城市,消费潜力持续提升,万亿级市场空间有待挖掘。家庭作为生活、休息主要场所,安防、控制、健康、养老等消费需求爆发,全民带货、基于场景营销模式备受青睐。后疫情时代宅经济的需求显著提升,用户开始更加关注安全与健康产品,无接触场景的智能家居产品与服务受到越来越高的关注。以智能门锁、智能摄像头和智能传感器为代表的智能家居安防类产品出现爆发式增长。此外,智能照明、智能家电、智能音箱、智能影音等品类也受到较高的市场关注。

3. 产业发展展望

智能家居产品的发展分为 3 个阶段:第一阶段单品智能,家庭市场出现一批智能家居单品,例如,智能插座、智能音箱等,单品满足用户功能需求,但是之间不能互联;第二阶段全屋智能,在智能家居单品的基础上进一步发展出全屋智能,各类智能硬件通过物联网技术实现互联,用户可以自定义场景与联动规则实现智能控制;第三阶段服务智能,未来智慧生活将出现个性化、多样化的需求,智能硬件的操作日趋简单实用,智能硬件将成为智能化服务的载体,基于深度学习的人工智能服务家庭中枢,能够快速辨别用户的需求,提供以用户为中心的全方位智能服务。

4. 智慧家庭业务发展特点

(1) 多模态。家庭将会出现更多的交互入口,除了传统的基于手机 App 的 GUI 交互入口以外,已经出现了以智能音箱为代表的 VUI 交互入口,未来还会出现以语音+手势为代表的多模态交互入口,基于用户身份、意图、情感等识别的新交互方式,将会带来更加个性化的应用与服务。

(2) 多场景。智能家庭将会出现更多的细分场景,并实现场景互联,目前的场景还是以用户手工创建为主,将会逐步过渡到基于 AI 自主学习用户设备配置习惯,通过细分场景的识别,可实现智能硬件的自动化配置,为用户提供差异化的服务体验。

(3) 多服务。智慧家庭将会拓展出更多的场景化解决方案，从提供智能家居服务，延伸到提供无接触服务、智能社区、智能办公、智能出行等多种泛家庭服务，在空间数字化改造的基础上，实现以用户为中心的空间智能化。

智慧家庭不仅局限于居室内，还会由全屋智能向智慧社区、家车互联以及智慧城市延伸。

附录

专业术语

缩　略　语	英 文 全 名	中 文 解 释
10G-EPON	10 Gigab-capable Ethernet Passive Optical Network	10Gb/s 以太无源光网络
10G-PON	10-Gigab-capable Passive Optical Network	XG-PON，10 吉比特无源光网络
3GPP	3rd Generation Partnership Project	第三代合作伙伴计划
ACK	Acknowledgement	应答消息
ACS	Auto-configurationServer	自动配置服务器
ADSL	Asymmetric Digital Subscriber Line	非对称数字用户线路
AES	Advanced Encryption Standard	高级加密标准
AI	Artificial Intelligence	人工智能
AP	Access Point	无线接入点
API	Application Programming Interface	应用编程接口
APP	Application	应用
AR	Augmented Reality	增强现实
ASR	Automatic Speech Recognition	自动语音识别
ATM	Asynchronous Transfer Mode	异步传输模式
BSS Coloring	Basic Service Set Coloring	BSS 着色
BSSID	Base Station Subsystem Identifier	基站子系统标识
CAT5	Category 5 Cable	五类双绞线
Cat5e	Cat5e shielded twisted-pair cable	超五类屏蔽双绞线
CAT6	Category 6 Cable	六类双绞线
CCA	Clear Channel Assessment	空闲信道评估
CDN	Content Delivery Network	内容分发网络
Cloud VR	Cloud Virtual Reality	云虚拟现实
CM	Cable Modem	电缆调制解调器
CMTS	Cable Modem Termination System	线缆调制解调器终端系统
CoAP	Constrained Application Protocol	约束应用协议
CPU	Central Processing Unit	中央处理单元
CPE	Customer-premises Equipment	客户终端设备
CSMA	Carrier Sense Multiple Access	载波检测多址

续表

缩　略　语	英 文 全 名	中 文 解 释
CSMA/CA	Carrier Sense Multiple Access with Collision Avoidance	载波侦听多址访问/冲突避免
DBA	Dynamic Bandwidth Assignment	动态带宽分配
DCF	Distributed Coordination Function	分布式协调功能
DNS	Domain Name Server	网域名称服务器
DSL	Digital Subscriber Line	数字用户线
DSLAM	Digital Subscriber Line Access Multiplexer	数字用户线接入复接器
eAI	Embedded Artificial Intelligence	嵌入式人工智能
E2E	End to End	端到端
EPC	Evolved Packet Core	演进型分组核心网
EPON	Ethernet passive optical network	以太网无源光网络
F5G	the Fifth-Generation Fixed Network	第五代固网
FCC	Federal Communications Commission	美国联邦通信委员会
FE	Fast Ethernet	快速以太网
FEC	Forward Error Correction	前馈纠错
FMC	Fixed-mobile Convergence	固移融合
FTTH	Fibre to The Home	光纤到户场景
FTTR	Fiber to The Room	光纤到房间场景
FWA	Fixed Wireless Access	固定无线接入
GE	Gigab Ethernet	千兆以太网
GEM	GPON Encapsulation Mode	GPON 封装模式
GPU	General Process Unit	通用处理器板
GPON	Gigab-Capable Passive Optical Networks	千兆无源光网络
GUI	Graphical User Interface	图形用户界面
HCF	Hybrid Coordination Function	混合协调功能
HomePlug AV	HPA，HomePlug Powerline Alliance	家用电力线网上联盟
HQoS	Hierarchical Quality of Service	分层服务质量
HTTP	Hypertext Transfer Protocol	超文本传输协议
HTTPS	Hypertext Transfer Protocol Secure	HTTPS 加密协定
IEEE	Institute of Electrical and Electronics Engineers	电气及电子工程师学会
IoT	Internet of Things	物联网
IP	Internet Protocol	互联网协议
IPTV	Internet Protocol television	IP 电视
IT	Information Technology	信息技术
ITU	International Telecommunication Union	国际电信联盟
ITU-T	International Telecommunication Union-Telecommunication Standardization Sector	国际电联电信标准化部门

续表

缩 略 语	英 文 全 名	中 文 解 释
JSON	JavaScript Object Notation	JavaScript 对象表示法
KPI	Key Performance Indicator	关键性能指标
L2TP	Layer 2 Tunneling Protocol	二层隧道协议
LAN	Local Area Network	局域网
LLID	Logical Link Identifier	逻辑链路 ID
LTE	Long Term Evolution	长期演进
LXC	Linux Container	Linux 容器
MAC	Media Access Control	媒体接入控制
MAP	Mesh Access Point	Mesh 接入点
MCS	Modulation and Coding Scheme	调制和编码方案
MDU	Multi-dwelling Unit	多住户单元
MIMO	Multiple Input Multiple Output	多入多出技术
MPM	Mesh Peering Management	网状网络对端体管理
MTP	Message Transfer Part	消息传输部分
MU-MIMO	Multi-User Multiple-Input Multiple-Output	多用户多输入多输出
NAT	Network Address Translation	网络地址转换
NCE	Network Cloud Engine	网络云化引擎
NLP	Natural Language Processing	自然语言处理
NOC	Network Operations Center	网络操作中心
NP	Network Processor	网络处理器
OAM	Operation，Administration and Maintenance	操作、管理和维护
ODN	Optical Distribution Network	光分配网络
OFDM	Orthogonal Frequency Division Multiplexing	正交频分复用
OFDMA	Orthogonal Frequency Division Multiple Access	正交频分多址接入
OMCI	Optical Network Terminal Management and Control Interface	光网络终端管理控制接口
ONT	Optical Network Terminal	光网络终端
ONT	Optical Network Unit	光网络单元
OLT	Optical Line Terminal	光线路终端
OTN	Optical Transport Network	光传送网
P2MP	Point-to-Multipoint	一点到多点
PCF	Point Coordination Function	点协调功能
PHY	Physical Layer	物理层
PLC	Power Line Communication modem	电力猫
PLOAM	Physical Layer OAM	物理层运行管理维护
PON	Passive Optical Network	无源光网络
POTS	Plain Old Telephone Service	传统电话业务

续表

缩 略 语	英 文 全 名	中 文 解 释
PMD	Physical Medium Dependent	物理介质相关
PPD	Pixel Per Degree	角度像素密度
QAM	Quadrature Amplitude Modulation	正交幅度调制
QoS	Quality of Service	服务质量
QPSK	Quadrature Phase Shift Keying	四相移相键控
RSSI	Received Signal Strength Indicator	接收信号强度指示
RTD	Round Trip Delay	环路时延
RTS	Real-time Strategy Game	即时战略游戏
RTT	Round-trip Time	RTT 时延
RU	Resource Unit	资源单位
SFP	Small Form-factor Pluggable	小型可插拔
SISO	Single-input Single-output	单收单发
SNI	Service Node Interface	业务节点接口
SOAP	Simple Object Access Protocol	简单对象访问协议
SON	Self Organization Network	自组织网络
SLA	Service Level Agreement	服务水平协议
SSDP	Simple Service Discovery Protocol	简单服务发现协议
SSID	Service Set Identifier	服务集标识符
STA	Station	客户端
SU-MIMO	Single-user MIMO	单用户 MIMO
TCP	Transmission Control Protocol	传输控制协议
TDM	Time Division Multiplexing	时分复用
TDMA	Time Division Multiple Access	时分多址
TPC	Transmit Power Control	传输功率控制
UDP	User Datagram Protocol	用户数据报协议
UPnP	Universal Plug and Play	通用即插即用
UPF	User Plane Function	用户面功能网元
UNI	User-network Interface	用户-网络接口
UE	User Equipment	用户设备
USB	Universal Serial Bus	通用串行总线
USP	Universal Service Platform	通用业务平台
UTP	Unshielded Twisted Pair	非屏蔽双绞线
UWB	Ultra-wideband	超宽带
VAP	Virtual Access Point	虚拟接入点
VCI	Virtual Channel Identifier	虚拟信道标识符
VDSL	Very-high-data-rate Digital Subscriber Line	超高速数字用户线路
VLAN	Virtual Local Area Network	虚拟局域网

续表

缩　略　语	英 文 全 名	中 文 解 释
VoIP	Voice over IP	IP 承载语音
VPI	Virtual Path Identifier	虚拟通路标识符
VR	Virtual Reality	虚拟现实
VXLAN	Voice over IP	IP 承载语音
WAN	Wide Area Network	广域网
WFA	WiFi Alliance	WiFi 联盟
WiFi	Wireless Fidelity	无线保真，是一种基于 IEEE 802.11 标准的无线局域网技术
WLAN	Wireless Local Area Networks	无线局域网
WMM	WiFi Multimedia	WiFi 多媒体标准
WPS	WiFi Protected Setup	WiFi 保护设置